DK 621.831

FORSCHUNGSBERICHTE
DES LANDES NORDRHEIN-WESTFALEN

Herausgegeben durch das Kultusministerium

Nr. 901

Prof. Dr.-Ing. Herwart Opitz
Dr.-Ing. Johannes Bielefeld
Dipl.-Ing. Werner Kalkert

Laboratorium für Werkzeugmaschinen an der Technischen Hochschule Aachen

Lebensdauerprüfung von Zahnradgetrieben

Als Manuskript gedruckt

WESTDEUTSCHER VERLAG / KÖLN UND OPLADEN

1960

ISBN 978-3-663-03707-1   ISBN 978-3-663-04896-1 (eBook)
DOI 10.1007/978-3-663-04896-1

Gliederung

Einleitung. . . . . S. 5

1. Der Verspannungsprüfstand . . . . S. 6

2. Verfahren und Vorrichtungen für die Verschleißmessung . . S. 9

3. Versuchsergebnisse . . . . S. 23

4. Zusammenfassung . . . . S. 52

Einleitung

Die Lebensdauer ungehärteter Zahnräder wird in erster Linie durch die Flankenfestigkeit gegen Pittingbildung und Reibverschleiß bestimmt. Während für Zahnräder mit geringer Radbreite für die gebräuchlichsten Werkstoffe zahlreiche Versuche zur Ermittlung der zulässigen Dauerwälzfestigkeit durchgeführt wurden, liegen für Zahnräder großer Breite bisher keine Werte vor. Da zur Erzeugung eines gleich guten Tragbildes bei großen Zahnbreiten erheblich größere fertigungstechnische Schwierigkeiten auftreten, sind die bei gleichem Aufwand erreichbaren Qualitäten geringer als bei schmalen Rädern. Dies gilt insbesondere für den Zahnrichtungsfehler.

Für Getriebe großer Leistung, z.B. Schiffsgetriebe, sind aber große Radbreiten erforderlich, da große Drehmomente übertragen werden müssen. Dies könnte ebenfalls durch größere Zahndicken - also größeren Modul - erreicht werden. Aus Gründen der geringeren Schallabstrahlung sind aber große Zähnezahlen erwünscht, was wiederum einen kleinen Modul bedingt. Somit bleibt die größere Radbreite als vorteilhafter Weg zur Übertragung hoher Drehmomente, wenn gleichzeitig an das Geräuschverhalten des Getriebes besondere Anforderungen gestellt werden.

Die Versuche wurden an Zahnrädern mit folgenden Daten durchgeführt:

$\qquad$ Radbreite $b = 70$ mm

$\qquad$ Achsabstand $a = 125$ mm

$\qquad$ Modul $m = 2$ mm

$\qquad$ Schrägungswinkel $\beta_o = 0°$ und $10°$

$\qquad$ Werkstoff für das Ritzel Ck 60

$\qquad$ Werkstoff für das Rad Ck 45.

Während der Laufzeit eines Räderpaares wurden die Pittingbildung und der Reibverschleiß in bestimmten Zeitintervallen auf allen Zahnflanken beobachtet und an mehreren vorher gekennzeichneten Zähnen gemessen. Auf diese Weise läßt sich die Verschleißgröße in Abhängigkeit von der Laufzeit mit der Belastung als Parameter bestimmen.

1. Der Verspannungsprüfstand

Zur versuchsmäßigen Ermittlung des Verschleißverhaltens eines Zahnradgetriebes in Abhängigkeit von der Laufzeit und Belastung dienen Verspannungsprüfstände, deren Aufbau und Funktion im folgenden kurz beschreiben werden.

Abbildung 1

Verspannungseinheit des Lebensdauerprüfstandes

Die Verspannungseinheit besteht aus einem Getriebe mit zwei gleichen Räderpaaren (Abb. 1). Die Ritzelwelle wird über eine elastische Kupplung direkt vom Motor angetrieben. Die Radwelle ist als Torsionsstab ausgebildet. Die Ritzelwelle ist unterbrochen und wird durch die Verspannungskupplung gehalten. Zur Belastung wird die Verspannungskupplung zunächst gelöst, dann werden die beiden Räderpaare mittels Hebel und Gewicht gegeneinander verdreht. Der Belastungshebel wird auf das rechts im Bild sichtbare Ritzel aufgesetzt. Durch Anhängen von Gewichten an den Hebelarm läßt sich bei der vorliegenden Dimensionierung ein Drehmoment bis zu 80 mkg auf die Ritzelwelle aufbringen. Bei dem Übersetzungsverhältnis $i = 1,6$ ergibt das eine Belastung von 128 mkg für die Radwelle und somit den Torsionsstab. Ist auf diese Art die gewünschte Belastung aufgebracht, so wird die Verspannungskupplung wieder festgezogen. Der Kraftfluß in der Verspannungseinheit geht vom rechten Räderpaar über den Torsionsstab, das linke Räderpaar und die Kupplungswelle wieder zum Ausgangspunkt zurück. Die konstante Belastung wird als Blindlast im Getriebe umgewälzt.

Der Antriebsmotor hat bei dieser Anordnung nur die Leerlaufleistung und die belastungsabhängige Reibung des Verspannungssystems zu überwinden.

Da der Prüfstand im Dauerbetrieb laufen soll, sind die für ein Versuchsräderpaar eingestellten Bedingungen laufend zu überwachen. Dieses geschieht durch Kontrollvorrichtungen, die beim Überschreiten bestimmter Abweichungen vom Sollzustand über einen Motorschalter den Prüfstand selbsttätig abschalten. Überwacht werden auf diese Weise das Drehmoment, der Schmierölfluß und die Öltemperatur. Abbildung 2 zeigt die prinzipielle Anordnung der gesamten Anlage, aus der u.a. die Lage der Kontrollorgane zu ersehen ist.

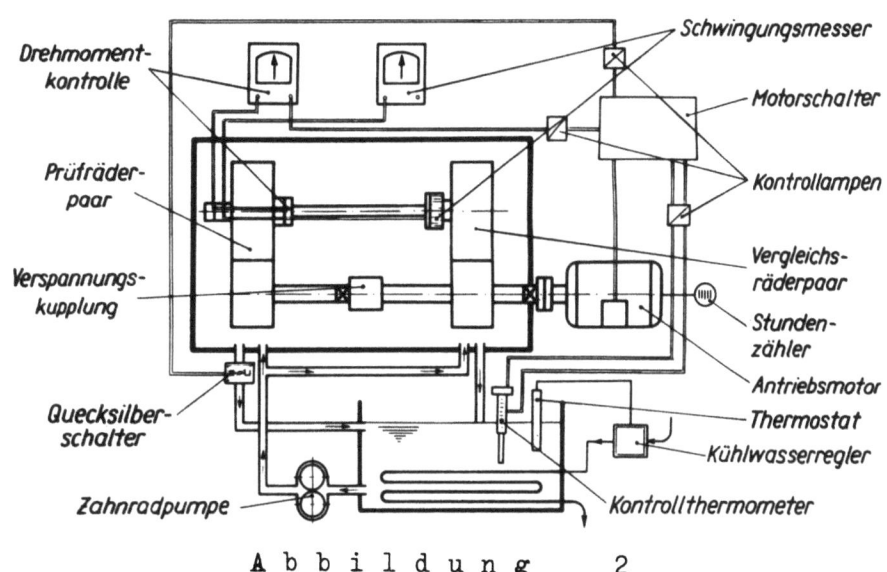

Abbildung 2

Prinzipielle Anordnung des Lebensdauerprüfstandes

Zur Kontrolle des Drehmoments wird die Verdrillung des Torsionsstabes überwacht. Ein induktiv arbeitender Wandler, der in einer Brückenschaltung liegt, mißt die Abstandsänderungen zweier Spulenkörper gegenüber zwei am Torsionsstab befestigter Meßplatten. Die ganze Anordnung dieser Differentialschaltung ist so aufgebaut, daß nur bei Verdrehung eine Anzeige erfolgt. Bei einer Durchbiegung des Torsionsstabes ändern sich beide Plattenabstände gleichsinnig. Dadurch heben sich die Induktivitäts-Änderungen auf, und es erfolgt keine Meßwertanzeige. Man spricht bei dieser Schaltung von einem torsionsempfindlichen Meßwertgeber. Ändert sich das Drehmoment, so liefert der Wandler eine Spannung, die nach Verstärkung über ein Relais den Motor abschaltet.

Das Schmieren der beiden Räderpaare geschieht getrennt durch Spritzschmierung. Im Ölrücklauf ist ein Quecksilberschalter eingebaut, der den Öldurchfluß kontrolliert. Sobald der Ölfluß unterbrochen wird, schaltet er über den Motorschalter die Anlage automatisch ab.

Ein Kontaktthermometer mißt laufend die Öltemparatur und schaltet ebenfalls den Prüfstand ab, sobald der eingestellte Betrag erreicht wird. Zur Ölkühlung sind Wasserrohrschlangen in dem Ölbehälter eingebaut. Der Kühlwasserfluß wird dabei durch einen Thermostaten gesteuert. Fällt auf Grund irgendeiner Störung der Prüfstand ab, so leuchtet eine Kontrolllampe an der Schalttafel auf, die dem entsprechenden Kontrollorgan zugeordnet ist; dadurch wird die Störungssuche erleichtert. Zur Kontrolle der Laufzeiten ist ferner ein Stundenzähler zwischengeschaltet.

Abbildung 3 zeigt einen Prüfstand im zusammengebauten Zustand. Links im Bild ist der Stromübertrager für den Drehmomentkontroller und den eingebauten Torsionsschwingungsmesser erkennbar.

Der Verspannungsprüfstand ist während des Betriebs durch eine Schallhaube abgedeckt, um störende Geräusche abzudämmen, die bei hoher Belastung besonders lästig und unangenehm sind. In die Schallhaube ist zur besseren Entlüftung für den Motor ein Ventilator eingebaut.

A b b i l d u n g   3
Lebensdauerprüfstand

Unter diesen Bedingungen läuft der Prüfstand bei einer Beharrungstemparatur von 42 bis 43°C, die ohne Vorwärmung des Öls nach etwa 15 min Laufzeit erreicht ist.

2. Verfahren und Vorrichtungen für die Verschleißmessung

Zunächst seien die Verschleißarten, die an ungehärteten Zahnflanken auftreten, kurz erläutert. Abbildung 4 zeigt einige Fotos von verschiedenen Flankenoberflächen. Die Lage der Flanke ist im Bild links angegeben. Das obere Bild stellt die Oberfläche einer geschliffenen Flanke im Neuzustand dar. Außer den Bearbeitungsriefen sind keine Störungen erkennbar. In der Mitte ist die Oberfläche einer wälzgefrästen Zahnflanke abgebildet. Die Bearbeitungsriefen treten stark hervor und betonen die Vorschubrichtung. An einigen Stellen sind kleine Schuppen sichtbar, die von Spanabbrüchen und Aufbauschneiden herrühren. Das untere Bild zeigt diese Flanke nach einer Laufzeit von 200 Stunden bei einer Hertz'schen Pressung $p_o = 68$ kg/mm^2 (Werkstoff Ck 60). Als Verschleißerscheinungen fallen zunächst hier die unterhalb des Teilkreises liegenden Grübchen (Pittings) auf. Die Flankenoberfläche zwischen den Grübchen ist stark geglättet. Die Bearbeitungsriefen, die unterhalb der Grübchenzone (außerhalb des Zahneingriffs am Zahnfuß) noch zu erkennen sind, wurden völlig abgetragen. In der Zone zwischen Teilkreis und Kopfkreis ist eine Orientierung der Riefen in Richtung der Evolvente zu erkennen. Dies deutet auf Reibverschleiß infolge der zum Zahnkopf hin zunehmenden Gleitung hin.

Zur Messung des Verschleißes von Zahnflanken sind in der Literatur mehrere Verfahren und Methoden bekannt. Die wichtigsten seien kurz beschrieben:

a) Messung des Abriebs mit Metallindikator

Der Metallindikator, der in seiner Empfindlichkeit einstellbar ist, mißt die im Ölstrom enthaltene Abriebmenge. Hat der Metallabrieb den eingestellten Wert erreicht, gibt der Indikator ein Signal, das zum automatischen Abschalten des Prüfstandes verwendet werden kann. So ist es möglich, für einen bestimmten eingestellten Abriebbetrag die entspechende Laufzeit zu bestimmen. Ein Nachteil dieses Verfahrens ist die summarische Erfassung aller im Öl mitgeführten Metallpartikel, die nicht nur von den Zahnflanken abgerieben sind, z.B. Lagerabrieb. Ebenso bleibt ein Teil des Abriebs auf den Flanken haften, der also nicht miterfaßt werden kann.

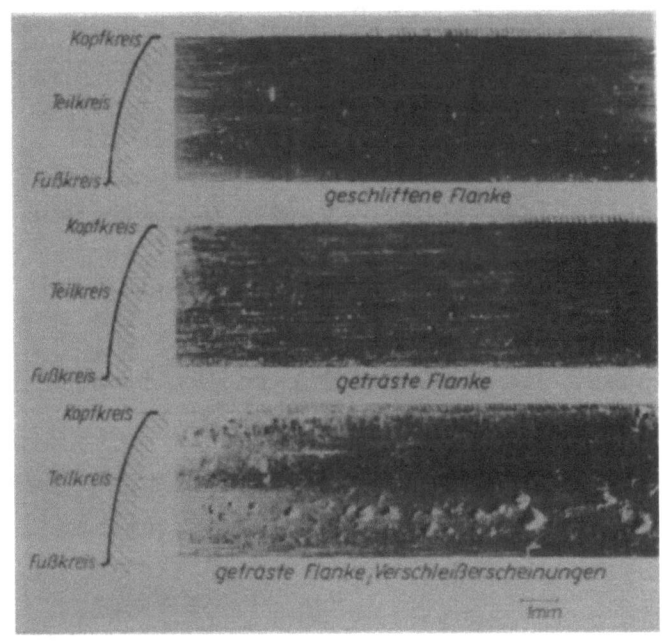

Abbildung 4
Oberflächen verschiedener Zahnflanken

b) Die radioaktive Verschleißmessung

Zur Messung nach diesem Verfahren läßt man aktivierten Kohlenstoff in die Zahnoberfläche eindiffundieren. Der Abrieb der Zahnflanken führt zu einer mit der Laufzeit steigenden Radioaktivität des Öles. Sie wird gemessen und ergibt dann ein Maß für die Größe des Verschleißes. Nachteilig ist jedoch, daß durch den eindiffundierten Kohlenstoff das Oberflächengefüge verändert wird, so daß die ermittelten Werte nur bedingt gelten.

c) Messung des Abriebs durch Gewichtsvergleich

Das Gewicht des Metallabriebs wird als Differenz zweier Wägungen bestimmt. Dazu müssen die Räder jeweils aus dem Prüfstand ausgebaut werden. Dies erfordert je nach Konstruktion des Prüfstandes einen erheblichen Zeitaufwand; außerdem ist der Abtrag in bezug auf das Gewicht der Räder, besonders bei großen Rädern, äußerst klein, so daß es schwierig ist, eine genaue Messung vorzunehmen. Ebenfalls müssen bei jeder Messung das anhaftende Öl und der feine Metallstaub, der noch auf den Flanken haftet, sehr sauber entfernt werden, was gleichfalls mit Schwierigkeiten verbunden ist.

Diese drei Verfahren messen den Verschleiß des gesamten Zahnrades. Eine Trennung nach Grübchen- und Reibverschleiß ist nicht möglich. Rückschlüsse auf das Verschleißverhalten einzelner Zähne lassen sich ebenfalls nicht ziehen. Um die Ursachen für die Größe des Verschleißes zu ermitteln, ist es aber notwendig, das Verschleißverhalten einzelner Zahnflanken zu kennen. Infolge von Verzahnungsfehlern tritt im Betrieb eine unterschiedliche Belastung und demzufolge auch unterschiedlicher Verschleiß der einzelnen Zahnflanken auf. Um z.B. Beziehungen zwischen dem Verschleißverhalten der Zahnflanken und der Verzahnungsgenauigkeit feststellen zu können, ist es daher erforderlich, den Verschleiß einzelner Zähne zu messen. Dabei ist es zweckmäßig, den Verschleiß nach Grübchen- und Reibverschleiß zu trennen, um den Einfluß beider Verschleißarten auf die Lebensdauer der Zahnräder getrennt zu erfassen. Im folgenden seien einige Meßmethoden beider Verschleißarten erläutert.

I. Zur Messung des Grübchenverschleißes

Es liegt nahe, die Grübchenoberfläche als Maß für den Grübchenverschleiß festzulegen. Das Verhältnis Grübchenoberfläche zu Grübchentiefe ist ungefähr konstant. Man kann also in erster Näherung sagen, daß die Oberfläche proportional dem Verschleißvolumen ist. Der Grübchenverschleiß läßt sich daher folgendermaßen angeben:

$$V_G = \frac{\text{Grübchenoberfläche}}{\text{Flankenfläche}} \times 100 \; [\%].$$

a) Fotografische Ermittlung des Grübchenverschleißes

Um den Verschleiß des ganzen Zahnes zu ermitteln, wird dieser in seiner ganzen Breite fotografiert, und zwar im eingebauten Zustand der Räder am Prüfstand mit der in Abbildung 5 gezeigten Vorrichtung. Sie erlaubt eine feinfühlige Verstellung der Kamera in drei Komponenten, so daß es möglich ist, beide Zahnflanken von Rad und Ritzel im Bild festzuhalten. Um ein maßstäbliches Bild der Grübchenoberflächen zu erhalten, muß die Optik der Kamera senkrecht auf die Flankenfläche gerichtet sein. Eine Schiefstellung von $10°$ ergibt aber erst einen Fehler von 1,5%. Da genauere Einstellungen durchaus eingehalten werden können, ist dieser Fehler vernachlässigbar. Die Schärfeneinstellung wird durch alleinige Veränderung der Gegenstandsweite mit Hilfe einer feinfühlig verstellbaren Gewindespindel erreicht. Dadurch ist eine stets gleiche Vergrößerung gewährleistet. Ein Vorsatztubus für die Kamera wurde so bemessen, daß die Vergrößerung bis zum Negativ so groß ist, daß mit drei Aufnahmen die ganze Breite des Zahnes erfaßt wird.

Bei der Auswertung werden die Negative mit Hilfe eines Lesegerätes - 25fach linear vergrößert - auf ein Gitternetz projiziert. Das Gitternetz ist so unterteilt, daß durch Auszählen der Grübchenanteil schnell und relativ genau flächenmäßig bestimmt werden kann. Ein Fehler ist hierbei allerdings durch die vorhandene Leseungenauigkeit möglich; er läßt sich aber durch mehrmaliges Ausmessen desselben Negatives sehr gering halten. Bei zweimaligem Messen ergaben sich in der Regel Differenzen bis zu 5%.

A b b i l d u n g 5
Fotografiervorrichtung zur Messung des
Grübchenverschleißes

Der Gesamtfehler, der bei dieser Bestimmung der Grübchenfläche gemacht werden kann, ist somit kleiner als 10%. Ein Vorteil dieses Verfahrens besteht darin, daß mit den Filmnegativen, die nach verschiedenen Laufzeiten gemacht wurden, Meßprotokolle von dem jeweiligen Flankenzustand zur Verfügung stehen.

b) Ermittlung des Grübchenverschleißes mittels Meßlupe

Zur Vereinfachung der oben beschriebenen Meßmethode kann man mit Hilfe einer Meßlupe mit Gitterskala diese Auswertung direkt am Zahnrad durchführen. Die Versuchsanordnung zeigt Abbildung 6. Anstelle der Kamera wird eine Meßlupe verwendet. Die Scharfeinstellung des Bildes erfolgt wieder durch Veränderung der Gegenstandsweite. Die Vergrößerung ist 25fach linear. Zur Bestimmung der Grübchenfläche enthält die Lupe einen Einsatz mit Gitterskala, so daß die Grübchenfläche direkt auf der Zahnflanke ausgezählt werden kann. Da die Lupe sich mit Hilfe der Vorrichtung leicht seitlich verfahren läßt, wird der Grübchenanteil für den ganzen Zahn nacheinander ausgezählt.

A b b i l d u n g   6
Messung des Grübchenverschleißes mit der Meßlupe

Ein Blick durch die Lupe auf die Zahnflanke ist in Abbildung 7 zu sehen. Die Größe des Quadrates des Gitternetzes beträgt 0,1 mm^2.

Dieses Verfahren läßt sich wesentlich schneller durchführen als das unter a) beschriebene, da das Anfertigen von Negativen fortfällt. Ein Nachteil ist das Fehlen eines Meßprotokolls, an dem die Messung kontrolliert werden kann. Es ist also zweckmäßig, beide Verfahren zu kombinieren, um alle Vorteile auszunutzen. Zur häufigeren Bestimmung des Grübchenverschleißes in Abhängigkeit von der Laufzeit wird die Messung

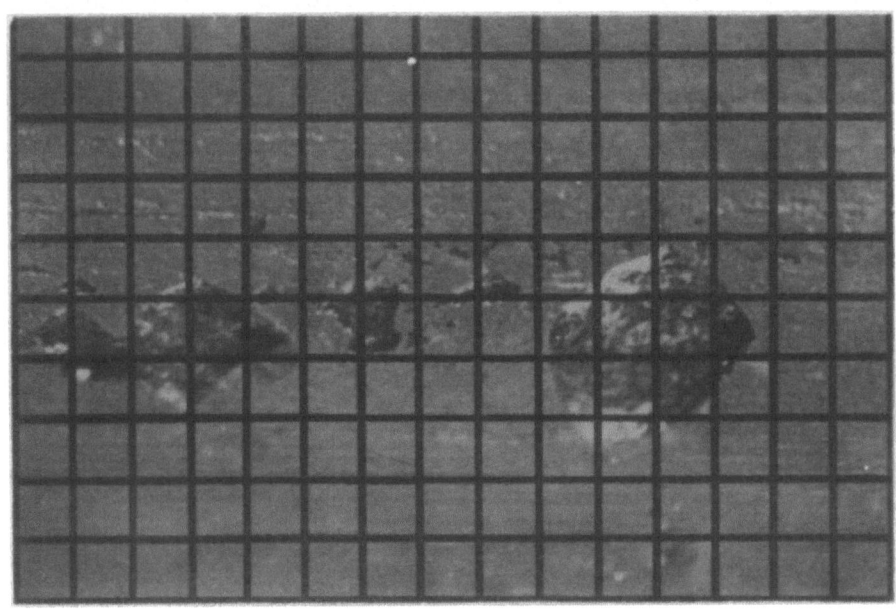

Abbildung 7
Bildfeld der Meßlupe

mittels Lupe durchgeführt, da sie sehr wenig Zeit erfordert. Zusätzlich werden in größeren Laufzeitintervallen Aufnahmen mit der Fotografiervorrichtung gemacht, um eine Kontrollmöglichkeit und ein Meßprotokoll zu haben. Ein Vergleich der beiden Meßmethoden geht aus Abbildung 8 hervor. Hier wurden nach einer Laufzeit von 120 Stunden die Grübchenflächen für acht Zähne des Ritzels nach beiden Methoden gemessen und gegenübergestellt. Die Übereinstimmung der Ergebnisse nach beiden Verfahren dürfte hinreichend gut sein.

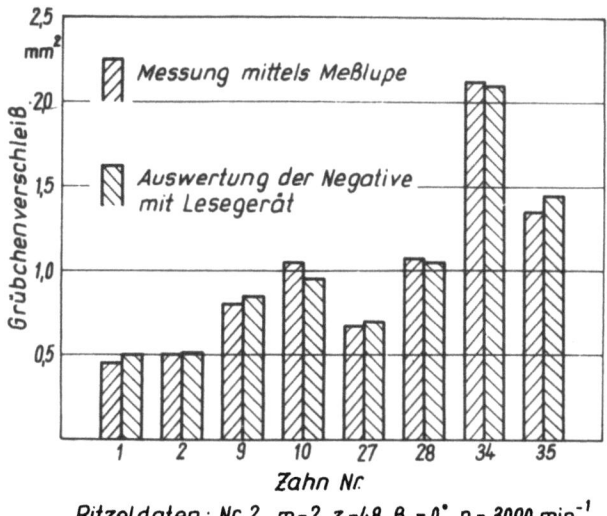

Abbildung 8
Vergleich der Meßergebnisse zweier Meßmethoden

II. Messung des Reibverschleißes

Die Gleitgeschwindigkeit der Zahnflanken aufeinander ist im Teilkreis gleich Null. Sie nimmt zum Zahnfuß und zum Zahnkopf hin linear zu. Dies hat eine Veränderung der Flankenform zur Folge.

Im folgenden werden einige Methoden zur Messung der Flankenformänderung aufgezeigt.

a) Messung der Flankenform vom Abdruck der Zahnlücke

Im eingebauten Zustand der Räder wird von der Zahnlücke mit einem Polyesterharz ein Abdruck gemacht. Die Zahnlücke wird lediglich von Ölresten gereinigt und danach mit einer Masse aus Leguval und Härtepaste ausgegossen. Nach dem Aushärten der Gießmasse (etwa 30 min) kann der Abdruck herausgehoben werden. Die so gewonnenen Abdrücke geben die Flankenoberfläche, sowie die Flankenform im Negativ wieder.

Zur Bestimmung des Reibverschleißes ist die Messung der Flankenform erforderlich. Dazu wird die zu messende Flanke mit einem Feintaster am Zahnlückenabdruck abgetastet. Die Diagramme geben die Flankenform in 200facher Vergrößerung wieder. Um bei dieser starken Vergrößerung Verzerrungen in vertikaler Richtung zu vermeiden, müssen die Abdrücke, die nach verschiedenen Laufzeiten gemacht wurden, in bezug auf die Tastspitze des Meßgerätes immer die gleiche Lage haben. Um dies zu erreichen und gleichzeitig die Einrichtezeiten zu verringern, wurde die in Abbildung 9 gezeigte Vorrichtung gebaut.

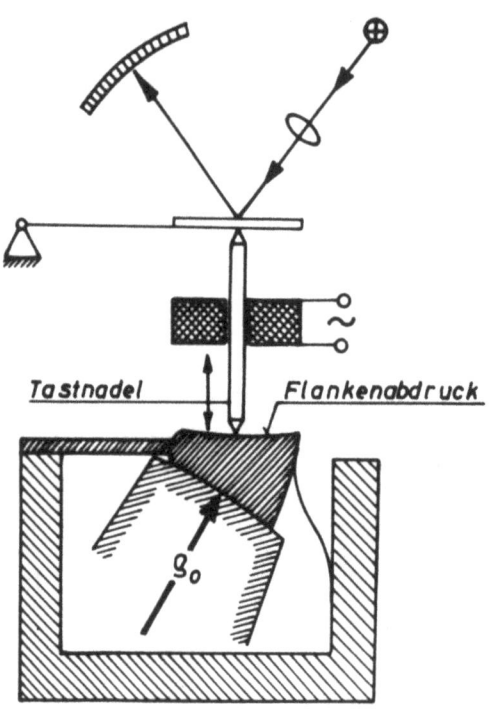

Abbildung 9
Vorrichtung zur Messung der Flankenform

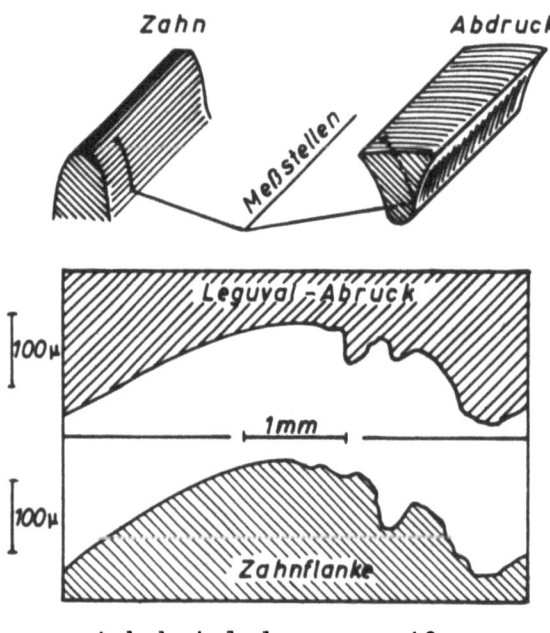

Abbildung 10
Vergleich zwischen wirklicher und
vom Abdruck gemessener Flankenform

Die Abdrücke können so eingelegt werden, daß die zu messende Flanke immer horizontal liegt. Die Gegenflanke liegt auf einer Stütze auf, die den Krümmungsradius der Evolvente hat. Die Orientierung in horizontaler Richtung erfolgt durch einen Anschlag, gegen den der Fuß des Abdrucks mittels einer Feder angedrückt wird.

Eine Probe auf genaue Wiedergabe der Flankenform vom Leguvalabdruck gegenüber der wirklichen Zahnflanke zeigt Abbildung 10.

Ein aus dem verschlissenen Zahnrad ausgesägter Zahn wurde abgetastet und parallel dazu der entsprechende Abdruck an der gleichen Stelle der Zahnflanke. Der Abdruck muß im Negativ die wirkliche Flankenform darstellen. Die beiden Flankenformdiagramme sind unten im Bild dargestellt. Die Übereinstimmung der beiden Diagramme ist relativ gut, wenn man berücksichtigt, daß durch geringe Verschiebungen zwischen den beiden Meßstellen Unterschiede auftreten können. Besonders die Unterschiede in der Grübchenzone sind dadurch erklärbar. Dies ist auch aus der gekennzeichneten Lage der Meßstellen in Abbildung 11 zu erkennen. Durch eine Verschiebung der Meßstellen wird die Kontur der Grübchen verändert wiedergegeben. In diesem Versuch wurde die Flankenform in zwei zueinander senkrechten Schnitten abgetastet. Die beiden zugehörigen Diagramme sind in der Bildmitte wiedergegeben. Sie zeigen die Grübchen entsprechend den verschiedenen Vergrößerungen in Vorschubrichtung und Tastrichtung verzerrt. Mit Hilfe der Vergrößerungsmaßstäbe sind die beiden Querschnitte a und b entzerrt worden und unten in Abbildung 11 in ihren wirklichen Proportionen dargestellt. Daraus geht die charakteristische Form der Grübchen deutlich hervor. In Zahnrichtung liegt meist eine symmetrische Form vor, während in Evolventenrichtung die Form einem Dreieck gleicht. Den steilen Einfall des Grübchens an der einen Seite und den flachen Übergang zur Flankenoberfläche auf der anderen Seite kann man deutlich in Ausschnitt a erkennen. Beim getriebenen Rad liegt der steile Abfall an der zum Zahnfuß benachbarten Seite des Grübchens, während das treibende Ritzel diesen steilen Abfall zum Zahnkopf hin aufweist.

Aus den Flankenformdiagrammen kann man auch noch andere Einzelheiten, die sich mit wachsender Laufzeit verändern, erkennen. Ungleichmäßigkeiten der Flankenform und Evolventenfehler verursachen eine ungleichmäßige Lastverteilung auf den Flanken. So werden z.B. Überhöhungen auf der Flanke zunächst die ganze Last tragen, bis sie soweit abgenutzt sind, daß eine gleichmäßige Beanspruchung der ganzen Flanke vorliegt.

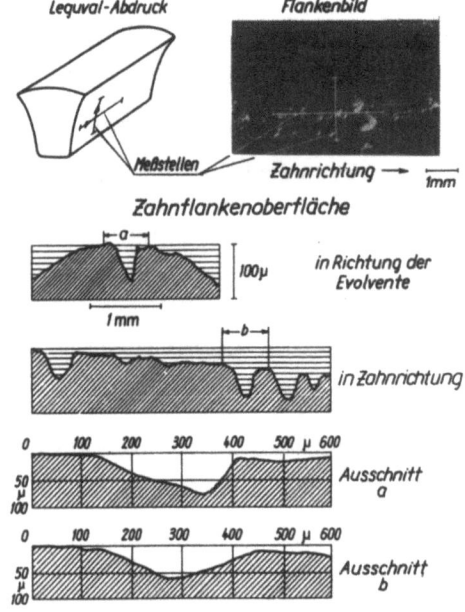

Abbildung 11
Messung des Grübchenquerschnittes

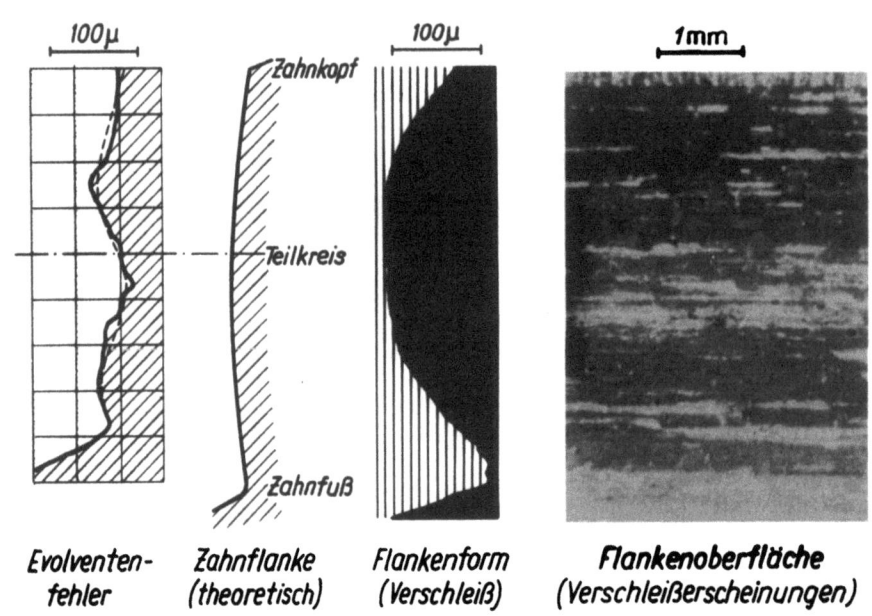

Abbildung 12
Übereinstimmung zwischen Flankenformfehler
und Flankenverschleiß

In Abbildung 12 sind der Evolventenfehler, wie er bei Anlieferung gemessen wurde, sowie die Flankenform und Flankenoberfläche nach dem Einlaufen wiedergegeben. Die theoretisch exakte Evolventenform stellt sich als gerade Linie dar, und das Evolventenprüfdiagramm gibt die Abweichung von der richtigen Evolvente wieder. Die Evolventenform zeigt einen etwa sinusförmigen Fehler, der über der Flankenlänge zwei Perioden aufweist. Dabei stellen die positiven Maximalamplituden dieser Fehlerlinie Überhöhungen auf der Flanke dar. Diese Stellen entsprechen denen im Oberflächenbild und Flankenformdiagramm, die sich dort durch frühzeitigen, mit der Laufzeit stärker werdenden Abrieb bzw. durch eine Glättung der Oberfläche auszeichnen.

b) Messung des Reibverschleißes durch Vergleichen der Stirnschnittprofile

Die Leguvalabdrücke werden an den zu messenden Stellen durchgesägt und die Stirnschnittflächen senkrecht angeschliffen und poliert. Die polierten Flächen, die - von geringen Schrumpfungen abgesehen - das tatsächliche zwischen einer belasteten und einer unbelasteten Zahnseite vorhandene Profil darstellen, werden fotografiert (Abbildung 13). Der Leguvalabdruck wird dabei senkrecht unter dem Objektiv der Kamera eingestellt. Als Beleuchtung dienen zwei Nitraphotlampen, die als Spotlight nur die Umrisse der Abdrücke beleuchten, damit das Negativ gradationssteile Schwarz-Weiß-Zeichnungen ergibt. Die Schwierigkeit liegt darin, die Schärfentiefe so gering zu halten, daß sich bei geringer Abweichung aus dem Schärfenbereich kein Abbild mehr ergibt. Dies wurde mit einem 50-mm-Objektiv unter Verwendung eines 135 mm langen Objektivtubus und Aufblendung auf volle Blendenöffnung erreicht. Die Schärfentiefe beträgt dann 0,4 mm. Dieser geringe Wert ist notwendig, um stets

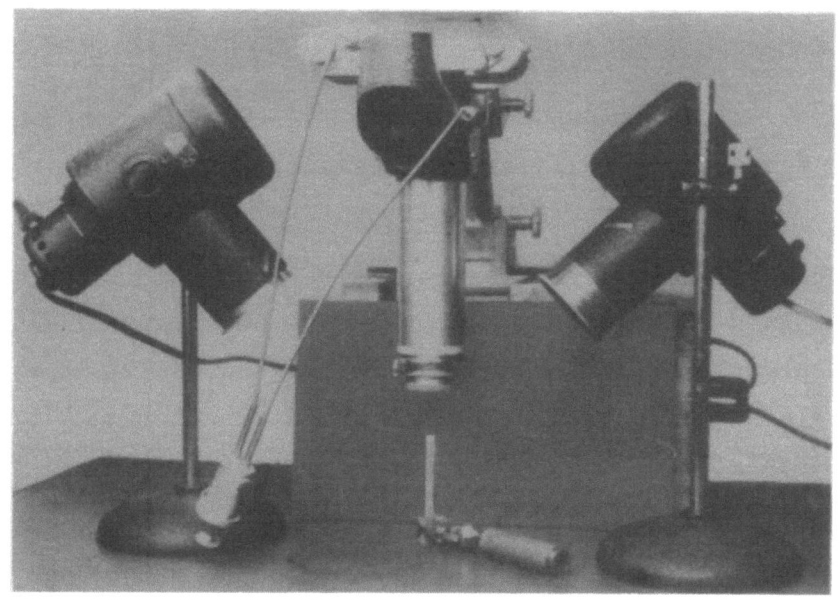

A b b i l d u n g 13
Aufnahme der Stirnschnittprofile

die gleiche Vergrößerung zu erhalten. Mit Hilfe der in Abbildung 5 dargestellten Vorrichtung wird durch Verändern der Gegenstandsweite das Stirnprofil scharf gestellt. Die Negative werden dann auf Dokumentarfilm aufgenommen, der bei einer geringen Empfindlichkeit von 7/10 - 9/10° DIN 80 bis 100 Striche auf einem Millimeter wiedergibt.

Die Verschleißermittlung geht aus Abbildung 14 hervor. Dabei werden die Negative mit 250facher Vergrößerung vom Leguvalschnitt projiziert und die Konturen nachgezeichnet. Da das Profil der unbelasteten Flanke nach verschiedenen Laufzeiten gleichbleibt, können die Negative längs der ganzen nicht beanspruchten Zahnflanke ausgerichtet werden. Die Profiländerung der belasteten Zahnflanke ist dann ein Maß für den Verschleiß während der Laufzeit, die zwischen den beiden Aufnahmen liegt. Unterschiede von 1 mm, die bei 250facher Vergrößerung 4 μ bedeuten, lassen sich dabei noch unterscheiden. Als Verschleißkriterium kann dann der Abrieb am Zahnkopf angegeben werden.

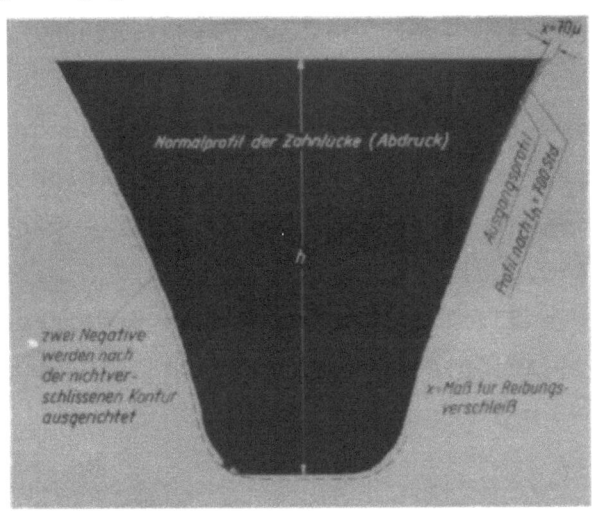

A b b i l d u n g   14
Messung des Reibverschleißes durch Vergleich
der Stirnschnittprofile

Ein Vergleich der beiden Verfahren zeigte relativ gute Übereinstimmungen. Fehler können sich durch die Schrumpfung der Leguvalabdrücke ergeben. Die Schrumpfung ist jedoch sehr gering und, da zu erwarten ist, daß sie bei gleichem Mischungsverhälnis des Gießharzes bei allen gleich ist, vernachlässigbar.

Bei diesen Verfahren wird der Reibverschleiß über den Umweg der Anfertigung eines Zahnlückenabgusses bestimmt. Folgende Möglichkeiten zeigen, wie der Verschleiß durch direkte Messung an der untersuchten Zahnflanke zu erfassen ist.

c) Messung des Reibverschleißes mit Zahnweitenschraublehre

Zur Bestimmung des Abriebes am Kopf des Zahnes eignet sich auch die Zahnweitenschraublehre. Mißt man das Zahnweitenmaß am Zahnkopf, so ergibt sich der Reibverschleiß direkt als Differenz zweier Messungen nach verschiedenen Laufzeiten. Die Genauigkeit beträgt dabei etwa $\pm 5\mu$.

d) Messung des Reibverschleißes durch Abtasten der Flankenform

Durch Abtasten der Flanke mit einem Feintaster läßt sich die wirkliche Flankenform direkt ermitteln. Abbildung 15 zeigt die Versuchsanordnung hierzu. Die Zahnflanke wird mit einer Nadel abgetastet, welche die Abtastbewegung über einen Winkelhebel mit Kreuzfedergelenken auf den Fühler des Meßgerätes überträgt. Das Meßgerät, das die Flankenform vergrößert aufzeichnet, läßt sich an den Prüfstand anschrauben. Die Schlittenanordnung erlaubt beim Einstellen ein seitliches Verschieben des Gerätes, so daß die Zahnflanken an mehreren Stellen abgetastet werden

Abbildung 15
Vorrichtung zum Abtasten der Zahnflanken

können. Das Meßgerät sitzt in einer um eine Paßschraube drehbaren Haltevorrichtung. Dadurch wird es möglich, den Fühler auch auf verschiedene Zahnschrägen einzustellen. Zur Arretierung des Ritzels dient eine Stellschraube, deren Träger ebenfalls durch Paßstifte auf dem Prüfstandgehäuse fixiert ist. Somit ist stets die gleiche Lage der zu messenden Flanke zum Meßfühler gewährleistet. Der Vorschub der Tastnadel erfolgt elektrisch über einen kleinen Synchronmotor.

Einige so aufgenommene Flankenformdiagramme sind in Abbildung 16 zu sehen. Die Diagramme sind bei einer Belastung von $p_o = 50$ kg/mm^2 nach verschiedenen Laufzeiten aufgenommen und für zwei Zähne des untersuchten schrägverzahnten Ritzels im Bild angegeben: Kurve a stellt dabei die Flankenform des gefrästen unverschlissenen Zahnes dar. Nach 100 Stunden Laufzeit bei einer Drehzahl von $n = 1\,000$ min^{-1} hat die Flanke die Form nach Kurve b. Man erkennt, daß ein Verschleiß hauptsächlich in Teilkreishöhe und zum Zahnfuß hin entstanden ist. Dies war auch durch eine zeilenförmige Glättung der Flanken an diesen Stellen aus den Oberflächenbildern zu ersehen. Als Ursache dafür sind Erhebungen auf der Zahnflanke an diesen Stellen - wie bereits oben erwähnt - anzusehen.

Nach einer Laufzeit von 250 Stunden hat die Flanke die Form nach Kurve c. Nachdem Unregelmäßigkeiten in der Oberfläche abgetragen sind, kommt die ganze Flanke zum Tragen. Auf den Oberflächenbildern ist daher

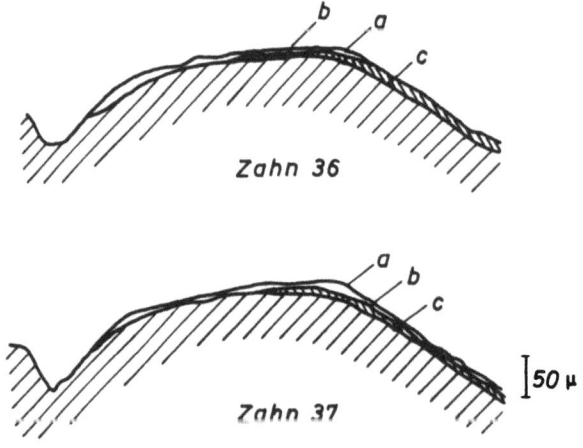

a = Flankenform beim Anlieferungszustand
b =   "   nach 100 Std. Laufzeit
c =   "   "   250 "   "
Belastung der Zahnflanken: $p_o = 50$ kg/mm^2
$n = 1000$ min^{-1}

A b b i l d u n g   16
Flankenformdiagramme

eine Glättung der ganzen Flankenfläche zu erkennen. Das gleiche zeigt Kurve c. Es hat ein Abrieb auf der ganzen Flanke stattgefunden. Zwischen Kurve b und c, d.h. zwischen 100 und 250 Laufstunden, tritt der Verschleiß bei diesem Ritzel hauptsächlich nur vom Teilkreis zum Zahnkopf hin ein, wobei der maximale Abrieb am Zahnkopf zu verzeichnen ist. Dies bestätigen auch die mit den anderen Meßmethoden erzielten Ergebnisse.

e) Messung des Reibverschleißes mit Hilfe der Evolventenmessung

Für Abriebsmessungen eignet sich ebenfalls die Evolventenmessung. Dazu werden nach verschiedenen Laufzeiten jeweils an der gleichen Stelle des Zahnes die Evolventen bei 1000facher Vergrößerung gemessen. Die so erhaltenen Schriebe lassen sich nach dem nicht beanspruchten und daher unverschlissenen Zahnfuß ausrichten und übereinander zeichnen. Der Unterschied zwischen den beiden Kurven ist ein Maß für den Reibverschleiß in dem beobachteten Zeitintervall.

Nach diesen Meßmethoden werden die Zahnräder nach bestimmten Laufzeitintervallen ausgemessen und beide Verschleißarten unabhängig voneinander über der Laufzeit aufgetragen.

3. Versuchsergebnisse

Nachstehend seien einige mit den vorhin beschriebenen Meßmethoden erzielte Ergebnisse erörtert:

a) Belastungsabhängigkeit

Als Kriterium für die Belastung der Zahnflanken wird die Wälzpressung k oder die Hertz'sche Pressung p beim Ritzel meist im inneren Einzeleingriffspunkt (k_e) und beim Rad im Wälzkreis (k_o) angegeben. Die Wälzpressung ergibt sich zu

$$k = \frac{P}{2b}\left(\frac{1}{\varrho_1} + \frac{1}{\varrho_2}\right).$$

Dabei bedeuten:

P = Zahnnormalkraft,
b = Zahnbreite,
ϱ_1, ϱ_2 = Krümmungshalbmesser.

Neben der statischen Belastung der Zahnflanken treten infolge von Beschleunigungskräften zusätzliche dynamische Belastungen auf, welche u.a. durch die elastische Verformung der Zähne aufgenommen werden.

Nach Laufversuchen von NIEMANN [2] lassen sie sich nach folgender Formel berechnen:

$$\text{Dynamischer Lastwert } B_{dyn} = 0.02 \frac{1 + c \cdot f_{ew} \; f_B/d_1}{1 + \sqrt{\frac{1}{v \, d_1}}} \; kg/mm^2$$

$$B_{dyn} = \frac{U_{dyn}}{b \, d_1}$$

d_1 = Teilkreisdurchmesser in mm,
U = Umfangskraft,
c = Steifigkeit der Zähne = 1,1 kg/mm µ,
$f_{ew} = f_e^{3/2}$ = wirksamer Eingriffsteilungsfehler in µ ,
f_e = Eingriffsteilungsfehler,
v = Umfangsgeschwindigkeit in m/sec,
f_B = Lastbeiwert (3 ÷ 10).

Die Gesamtbelastung ergibt sich dann zu:

$$k_{ges} = k_{stat} + k_{dyn}.$$

Da es sich zunächst im wesentlichen um Vergleichsversuche handelt, sind im folgenden nur die statischen Werte k_{stat} als Belastung angegeben.

Da nach dem Fräsen noch Rauhigkeiten und Erhebungen vorhanden sind, ist es üblich, die Getriebe mit einem speziellen Einlauföl einlaufen zu lassen. Aus diesem Grunde sind auch alle Versuchsräder vor den eigentlichen Laufversuchen mit Einlauföl eingelaufen.

Die gewählten Einlaufbedingungen gehen aus Abbildung 17 hervor. Auf der Ordinate des Diagrammes ist hier als Belastung die Wälzpressung angegeben. Diese wurde während des Einlaufens in fünf verschiedenen Stufen gesteigert. Die Übersetzung zwischen Rädern und Ritzeln beträgt i = 1,6, so daß sich, bei gleicher Laufzeit, für die Ritzel die 1,6fache Überrollungszahl ergibt. Die zeitlichen Abstände auf der Abszisse sind so gewählt, daß mit ihnen nach den bisherigen Erfahrungen in erträglicher Zeit eine gute Oberflächenglättung erzielt wird. In der ersten Stufe ohne Last und in der zweiten bei einer Wälzpressung von 0,075 kg/mm^2 ist die Überrollungszahl doppelt so groß wie in den restlichen drei höheren Laststufen, damit die maximalen Rauhigkeitsspitzen auf der Flanke, die zunächst die Last allein tragen und Belastungsspitzen hervorrufen, bei kleinen Wälzpressungen abgetragen werden. Die größte

Wälzpressung in der letzten Stufe wurde so gewählt, daß sie den Wert für die zulässige Dauerfestigkeit der Räder nicht überschreitet. Damit ist die Gewähr gegeben, daß nicht während des Einlaufens schon Pittingbildung auftritt. Die Gesamteinlaufzeit beträgt bei einer Drehzahl von 960 U/min in den ersten beiden Stufen je 6 Std. und in den restlichen drei je 3 Std., also insgesamt 21 Std.

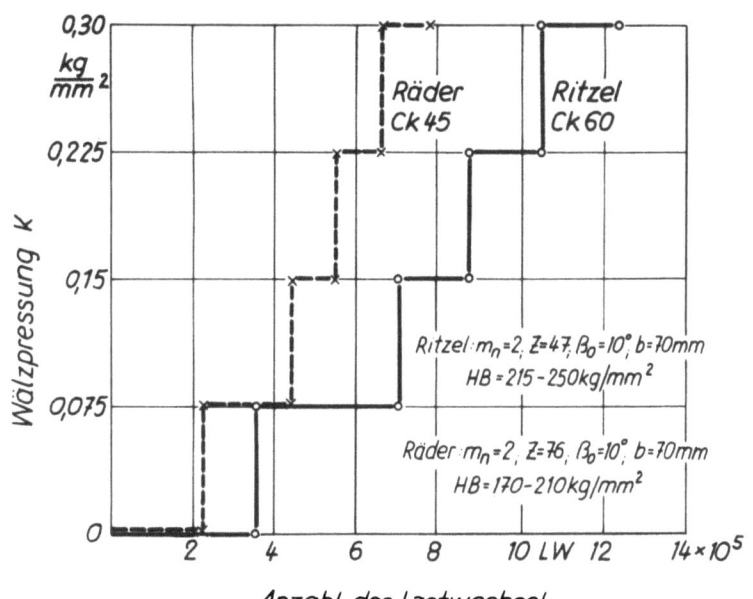

A b b i l d u n g 17
Einlaufbedingungen

In Abbildung 18 sind für zwei Zähne des Ritzels die Evolventen vor und nach dem Einlaufen aufgezeichnet. Bei diesem Ritzel zeigte nach dem Fräsen die Linksflanke eine wesentlich schlechtere Flankenoberfläche und infolgedessen auch größere gemessene Teilungsfehler als die Rechtsflanke. Dies war auch bei den anderen untersuchten Rädern wiederholt festzustellen. Die obere Bildzeile zeigt die Evolvente vor dem Einlaufen. Auf der Flankenoberfläche sind Riefen und Erhebungen, die in der Größenanordnung von 10 bis 15 μ liegen. Mitten im Bild sind die Evolventen, wie sie an derselben Stelle nach dem Einlaufen gemessen wurden, wiedergegeben. Es hat eine Glättung der Flankenoberfläche stattgefundden. Jedoch sind immer noch Riefen und Löcher in der Größenordnung von 5 bis 10 μ vorhanden. Unten im Bild sind dann der Deutlichkeit halber die Evolventen vor und nach dem Einlaufen übereinander gezeichnet und nach dem nicht beanspruchten und daher unverschlissenen Zahnfuß ausgerichtet worden. Der schwarz gezeichnete Anteil zwischen beiden Evolventen stellt dann den Abrieb während des Einlaufens dar. Hier ist zu erkennen, daß nur die maximalen Erhebungen auf der Flanke abgetragen wor-

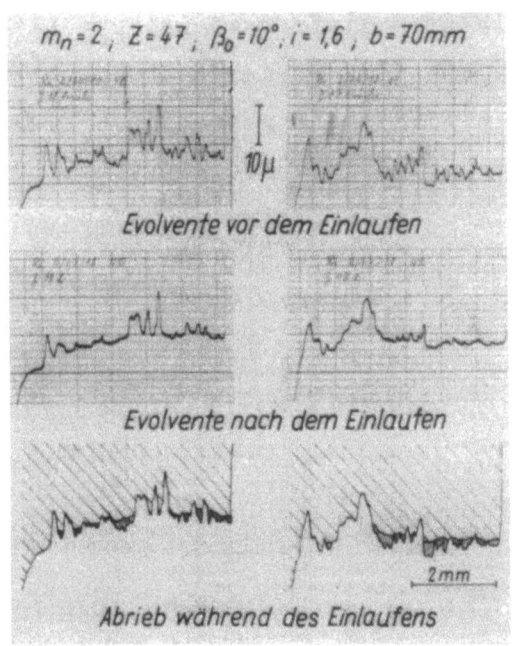

Abbildung 18

Einfluß des Einlaufens auf die Flankenform

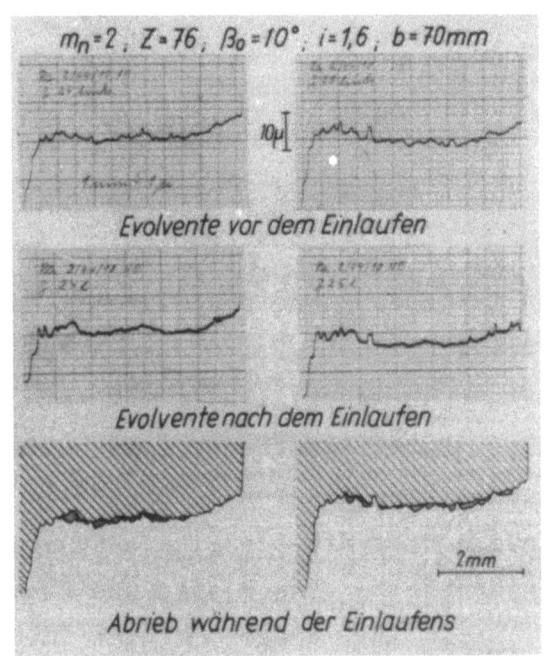

Abbildung 19

Einfluß des Einlaufens auf die Flankenform

den sind. Um ein Maß für die Überhöhung zu haben, ist unten im Bild noch der Längsmaßstab auf der Flanke angegeben. Dieser gilt exakt nur für den Wälzpunkt, da der Maßstab in Evolventenrichtung infolge des unterschiedlichen Wälzweges verzerrt ist.

Abbildung 19 zeigt die Evolventen der Linksflanke des Gegenrades. Der Zustand dieser Flanke nach dem Fräsen ist wesentlich besser. Die Erhebungen und Löcher haben eine Größe von maximal 5 μ . Die Rechtsflanken von Rad und Ritzel hatten die gleiche Qualität, so daß sich an diesem Bild der Einfluß des Einlaufens auf eine schon nach dem Fräsen sehr gute Flankenform und -oberfläche nachweisen läßt. In der Bildmitte sind dann wieder die Evolventen nach dem Einlaufen zu erkennen. Es ist eine Glättung über die ganze Flanke zu verzeichnen. Im Vergleich zum vorigen Bild ist die Größe des Abriebs infolge der besseren Ausgangsevolvente jedoch geringer.

Es leuchtet ein, daß die Erhebungen und Löcher auf der Flanke auch einen Einfluß auf die Teilungsfehlermessungen haben, da diese voll in das Meßergebnis eingehen. In Abbildung 20 sind die Teilungsfehlerdiagramme, und zwar sowohl für die Links- als auch die Rechtsflanke des Ritzels, vor und nach dem Einlaufen eingezeichnet. Wie auch schon aus den Evolventenbildern zu ersehen war, handelt es sich bei der Linksflanke um eine relativ schlechte Flanke der Qualität 7 bis 8 mit einem größten Teilungssprung von 17 μ . Nach dem Einlaufen hat sich infolge der Oberflächenglättung eine Verbesserung des Teilungsfehlers ergeben. Der Einzelfehler schwankt jetzt nur noch in einem Bereich von 11 μ . Die meisten vorkommenden Teilungssprünge betragen 1 bis 3 μ gegenüber 5 bis 8 μ vor dem Einlaufen. Oben im Bild sind die gleichen Zusammenhänge für die Rechtsflanke, einer schon nach dem Fräsen sehr guten Flanke, dargestellt. Hier ist nur eine geringe Verbesserung festzustellen. Der Teilungsfehler schwankt jetzt innerhalb einer Streubreite von 5 μ gegenüber 6 μ vor dem Einlaufen.

Abbildung 21 zeigt diese Verhältnisse für das Rad. Auch hier ist die Linksflanke schlechter als die Rechtsflanke. Entsprechend ist die Wirkung des Einlaufvorgangs. Der Teilungsfehler der Linksflanke schwankt nach dem Einlaufen in einem Bereich von 4 μ gegenüber 7 μ vor dem Einlaufen. Die Rechtsflanke dagegen läßt keine merkliche Verbesserung erkennen.

Zusammenfassend läßt sich sagen, daß durch Einlaufen Rauhigkeiten und Erhebungen auf der Flanke abgetragen werden, die eine Glättung der Oberfläche und eine Verbesserung der Evolvente und des Teilungsfehlers zur Folge haben. Die Wirkung des Einlaufvorganges hängt jedoch stark vom Ausgangszustand ab. Für eine Flanke der Qualität 7 bis 8 ergibt sich eine Verbesserung auf Qualität 6, während für Qualität 4 keine Verbesserung festzustellen war. Alle Räder, deren Belastungsabhängigkeit untersucht wurde, sind unter diesen Bedingungen eingelaufen. Nach dem Einlaufen wurde das Einlauföl durch Getriebeöl ersetzt, dann die Betriebslast aufgebracht und der Verschleiß in bestimmten Laufzeitintervallen gemessen.

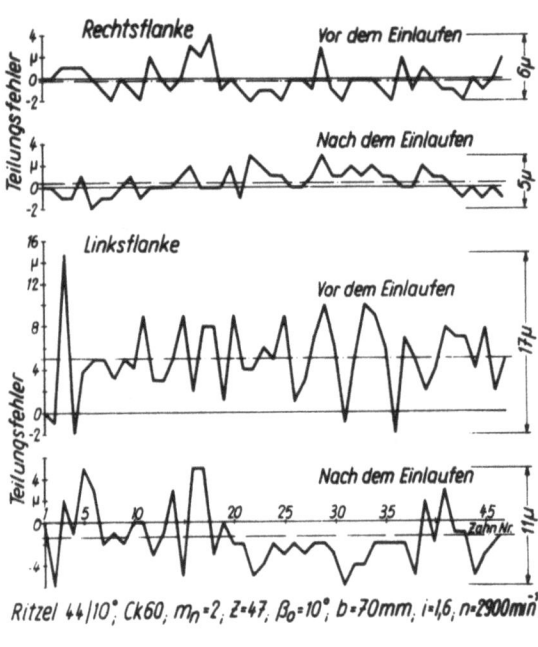

Abbildung 20

Einfluß des Einlaufens auf den Teilungsfehler

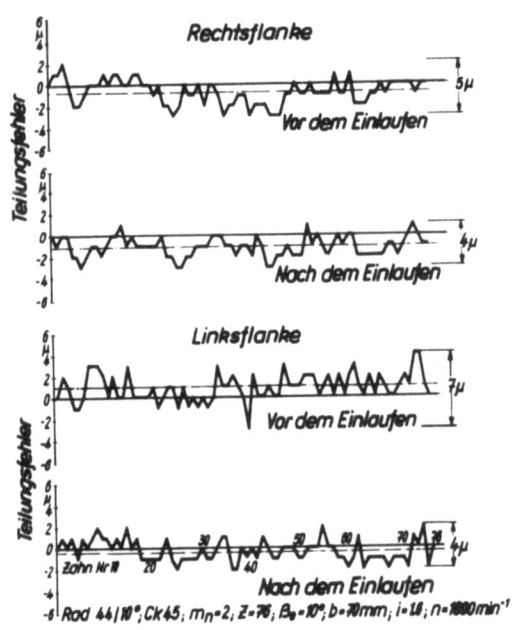

Abbildung 21

Einfluß des Einlaufens auf den Teilungsfehler

Abbildung 22 zeigt Flankenoberflächen eines Ritzelzahnes, die mit der vorhin beschriebenen Fotografiervorrichtung aufgenommen wurden. Die obere Bildzeile gibt den Zustand einer wälzgefrästen Zahnflanke vor dem

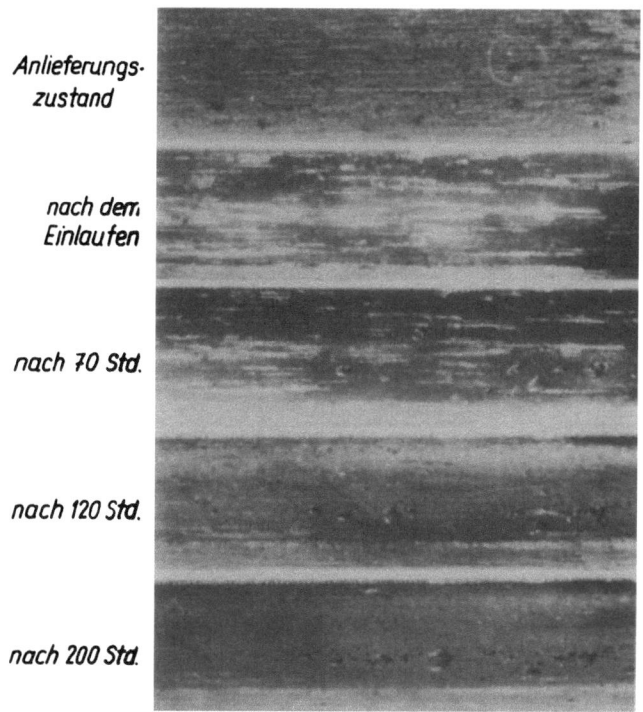

A b b i l d u n g   22
Flankenoberflächen nach verschiedenen Laufzeiten
bei konstanter Belastung

Einlaufen wieder. Die Fräsriefen in Vorschubrichtung sind die einzigen Merkmale einer solchen Oberfläche. Die zweite Zeile zeigt den Zustand nach dem Einlaufen. Hier ist eine zeilenförmige Glättung in Richtung der Zahnbreite zu erkennen. Grübchen oder Riefen in Richtung der Evolvente sind noch nicht vorhanden. Nach dem Einlaufen begann die Laufzeit unter Betriebslast, die dann konstant gehalten wurde. Nach 70 Stunden Laufzeit kommen die geglätteten Zeilen stärker zum Vorschein. Rechts im Bild sind hier in der Zone zwischen Teilkreis und Fußkreis schon einige Grübchen zu erkennen. Nach 120 und 200 Stunden ist die Anzahl und Größe der Pittings bereits merkbar angestiegen. Die Grübchen sind nur in der Zone unterhalb des Teilkreises festzustellen.

Neben den rein optischen Darstellungen des Grübchenverschleißes und dessen Wachstum besteht die Möglichkeit, dies quantitativ zu erfassen.

In Abbildung 23 ist daher der Verlauf des Grübchenverschleißes für acht Zahnflanken eines relativ schlechten Ritzels der DIN-Qualität 10 über der Laufzeit aufgetragen. Die gemessenen Zahnflanken, von denen je zwei benachbart sind, wurden nach dem Teilungsfehlerdiagramm ausgewählt. Dabei wurde darauf geachtet, daß diese Zahnflanken möglichst auf dem

Umfang des Ritzels verteilt lagen und zwischen den benachbarten Zahnflanken möglichst verschieden große Teilungssprünge aufwiesen. Damit war die Gewähr gegeben, daß bei der Messung sowohl Zähne mit relativ großer, als auch solche mit kleiner Flankenbelastung erfaßt wurden. Die Streuung der Verschleißkurven zeigt, daß damit eine natürliche Auslese getroffen wurde, die eine Extrapolation auf das Verschleißverhalten aller Zähne erlauben dürfte.

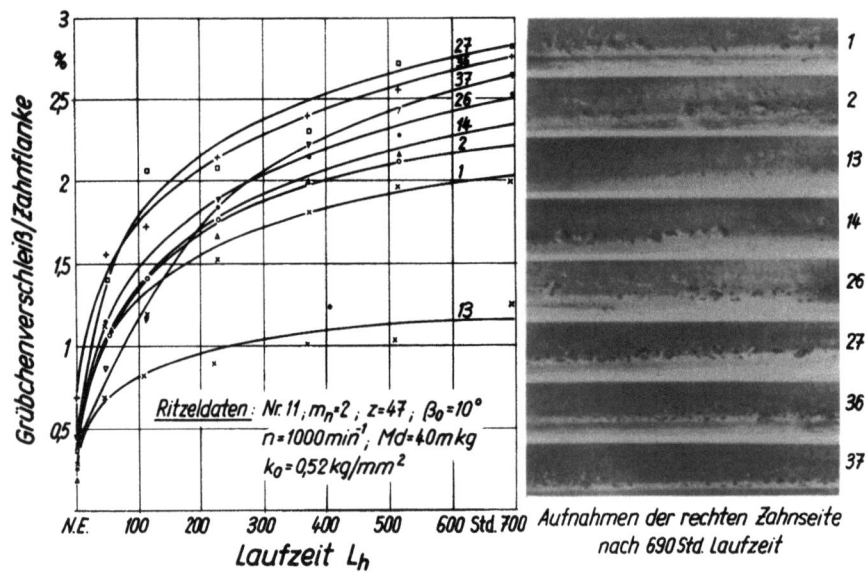

Abbildung 23

Größe des Grübchenverschleißes in Abhängigkeit von der Laufzeit

Rechts im Bild sind zum Vergleich die zugehörigen Oberflächenbilder nach einer Laufzeit von 690 Stunden dargestellt. Was in den Kurven quantitativ für diese Laufzeit aufgetragen ist, geht qualitativ aus den Flankenaufnahmen hervor. Die Bilder für die Zahnflanken 27,36,37 zeigen einen starken Grübchenverschleiß, ebenso die entsprechenden Verschleißkurven, die nach 700 Laufstunden mit etwa 2,5% oben im Diagramm liegen. Auf der Zahnflanke Nr. 13 sind nur wenige kleine Grübchen zu erkennen. Die entsprechende Verschleißkurve liegt dementsprechend auch im Diagramm am niedrigsten. Die Gegenüberstellung schafft gleichzeitig einen Maßstab für die Beurteilung des Flankenzustandes. Man erkennt, daß bei $V_G = 2,5\%$, d.h. die Grübchenoberfläche beträgt 2,5% der gesamten Flankenfläche, die Zone zwischen Teilkreis und Zahnfuß schon reich mit Grübchen bedeckt ist. Die Streuung des Grübchenverschleißes für die einzelnen Zahnflanken ist sehr groß. Als Ursachen hierfür sind die großen Teilungssprünge zwischen den einzelnen Zähnen anzusehen. Als Reibverschleiß der Zahnflanken ist, wie schon erwähnt, der Abrieb am Zahnkopf zugrunde gelegt worden.

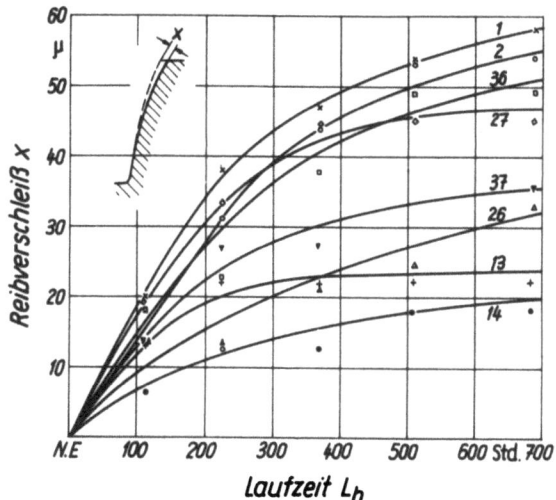

A b b i l d u n g 24
Größe des Reibverschleißes in Abhängigkeit
von der Laufzeit

Abbildung 24 zeigt den Reibverschleiß für die gleichen acht Zähne des Ritzels, für die in Abbildung 23 der Grübchenverschleiß erläutert wurde. Die Messung erfolgte durch Vergleich der Stirnschnittprofile der Zahnlückenabdrücke. Es ergibt sich wieder der für einen derartigen Verschleißvorgang charakteristische degressive Verlauf der Kurven. Die relativ große Streuung ist ebenfalls auf die großen Teilungssprünge zwischen den einzelnen Zähnen zurückzuführen. Weiterhin ist das Wechselspiel zwischen den Kurven der einzelnen Zahnflanken, z.B. Überschneiden einzelner Kurven und Steigungsunterschiede bei gleichen Laufzeiten, bemerkenswert. Dies läßt darauf schließen, daß eine wechselnde und ausgleichende Beanspruchung der Zahnflanken stattgefunden hat.

Diese an den relativ schlechten Rädern (DIN Qualität 10) ermittelten Kurven geben Aufschluß über die Art und den Verlauf der Verschleißvorgänge. Um belastungsabhängige Werte für die Praxis zu ermitteln, ist es notwendig, diese Versuche an genaueren Rädern durchzuführen. Die im folgenden beschriebenen Versuche beziehen sich auf Räder der Qualität 4 bis 6.

Wie schon festgestellt wurde, war nach dem Fräsen infolge Fräserverschleißes fast immer eine Flankenseite eine Qualität besser als die andere, so daß oft die Rechtsflanke, das war immer die auf den Fräser zulaufende Flanke, in DIN-Qualität 4 bis 5 und die Linksflanke in DIN-Qualität 5 bis 6 lagen. Die Folge davon ist ein größerer Verschleiß der schlechteren Flanke, welches eine Streuung der lastabhängigen Punkte zur Folge hat. Um diesen Streubereich mit zu erfassen, wurde deshalb bei den Laufversuchen für jede Belastung eine Linksflanke und eine Rechtsflanke gemessen. Gegenüber den früheren Versuchen ist daher das gehärtete Vergleichsräderpaar im Verspannungsprüfstand durch ein zweites Versuchsräderpaar ersetzt worden, so daß bei jedem Laufversuch bei der gleichen Last die Verschleißkurven für 2 Räder und 2 Ritzel anfallen.

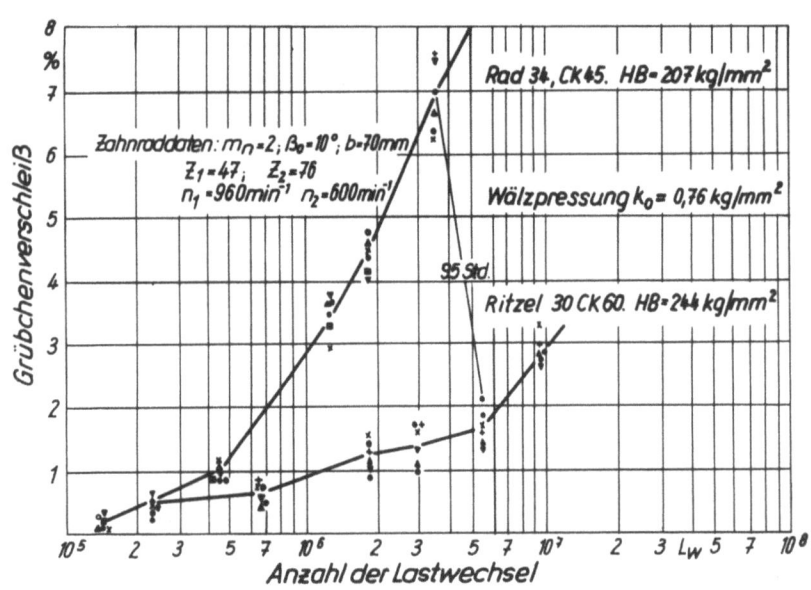

Abbildung 25

Grübchenverschleiß der Zahnflanken

Im folgenden soll zunächst auf den Grübchenverschleiß eingegangen werden. In Abbildung 25 ist der Grübchenverschleiß für Rad und Ritzel bei einer Wälzpressung von 0,76 kg/mm^2 über der Überrollungszahl aufgetragen. Die Messung erfolgte im eingebauten Zustand der Räder mit der Meßlupe.

Der Grübchenanteil wurde bei den guten Rädern für je 6 Zahnflanken, von denen jeweils zwei benachbart und im übrigen gleichmäßig auf den Umfang verteilt waren, gemessen. Entsprechend der geringeren Härte liegt auch die Kurve für den mittleren Verschleiß des Rades höher im Diagramm als die des Ritzels. Rad und Ritzel beeinflussen sich gegenseitig in ihrem Verschleißverhalten. Nach 95 Stunden Laufzeit ist der tragende Anteil der Radflanken um 7% kleiner geworden. Die Zone zwischen Teil- und Fußkreis ist dabei über die ganze Zahnbreite schon vollkommen mit Pittings bedeckt.

Da diese die Ritzelflanke auch im Teilkreis beim Zahneingriff berührt, führt dies auch beim Ritzel zu erhöhten Pressungen und Spannungsspitzen, so daß der wirklich tragende Anteil kleiner und die effektive Wälzpressung entsprechend größer wird. Dies führt dann auch zu einer erhöhten Pittingbildung des Ritzels. Infolgedessen beginnt die Verschleißkurve des Ritzels, die anfangs noch ralativ flach verläuft, nach ca. 95 Stunden ebenfalls steiler anzusteigen. Die Streuungen der Verschleißwerte der einzelnen Zahnflanken untereinander sind infolge der guten Verzahnungsgenauigkeit sehr gering, so daß sich eine Mittelwertbildung durchführen läßt und die eingezeichneten Kurven den mittleren Grübchenverschleiß pro Zahnflanke des ganzen Rades recht gut wiedergeben.

In Abbildung 26 sind daher für die Räder CK 45 mit einem Schrägungswinkel von $10°$ und einer Drehzahl von 1800 U/min (Umfangsgeschwindigkeit $v_u = 16$ m/s) die Mittelwertkurven für je 2 Räder bei vier verschiedenen Belastungen über der Anzahl der Lastwechsel aufgetragen. Die Belastungsabhängigkeit geht deutlich aus der Lage der Kurven hervor. Bei der kleinsten Wälzpressung liegen die Verschleißkurven für die Räder 44 und 45 ganz unten im Diagramm. Der Grübchenverschleiß beträgt nach 3×10^7 Lastwechsel 0,2 bis 0,3% der gesamten Flankenfläche. Es handelt sich hierbei um Einlaufpittings, die an den Stellen entstehen, an denen die Flanke Rauhigkeitsspitzen und Erhebungen zeigt. Sie bleiben, nachdem sich die Unregelmäßigkeiten ausgeglichen haben, konstant. Für die nächste höhere Laststufe ergeben sich die Kurven (3) für die Räder 35 und 37. Entsprechend der höheren Pressung zeigen beide mit der Laufzeit zunehmenden Grübchenverschleiß. Auffallend ist die stark unterschiedliche Lage beider Kurven. Der Grund dafür ist die schlechtere Flankenoberfläche von Rad 37. Nach dem Fräsen wurde für Rad 37 Qualität 6 und für Rad 35 Qualität 4 gemessen. Für die hohen Wälzpressungen - Kurven (1) und (2) - liegen auch die Verschleißkurven oben im Diagramm. Auffallend ist, daß die Pittingbildung für beide Kurven (1) trotz der höheren Flankenpressung später einsetzt als bei den Kurven (2).

Die Ursache ist wiederum die schlechtere Flankenbeschaffenheit im Ausgangszustand der Kurven (2). So ist für Kurve (1) erst nach $7,5 \times 10^5$ Lastwechsel Pittingbildung festzustellen, welche zunächst langsam, nach $2,5 \times 10^6$ Lastwechsel aber dann stark ansteigt. Hier verschwindet dieser Einfluß und der Einfluß der höheren Wälzpressung wird voll wirksam, so daß nach 10^7 Lastwechseln schon eine eindeutige Rangfolge nach der Belastung aufgestellt werden kann.

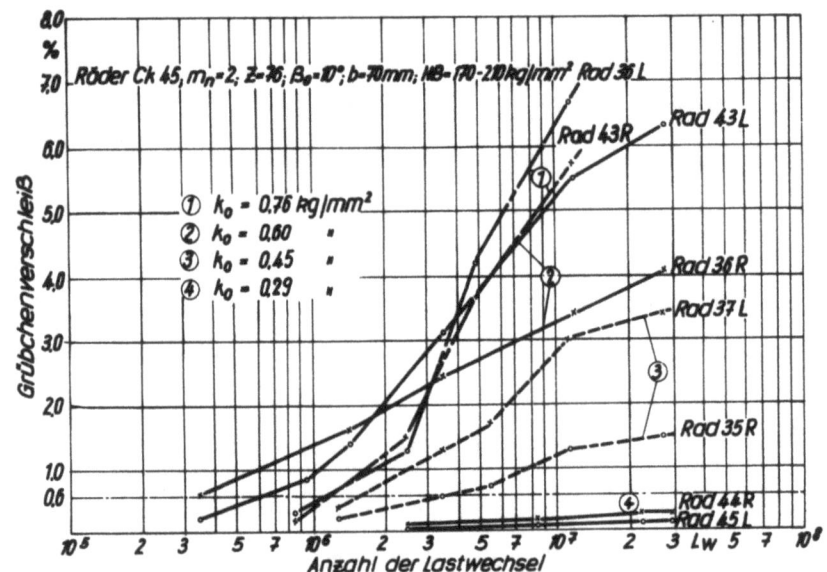

Abbildung 26

Wälzpressung und Grübchenverschleiß

(Schrägverzahnung $\beta_o = 10°$; n = 1800 min^{-1})

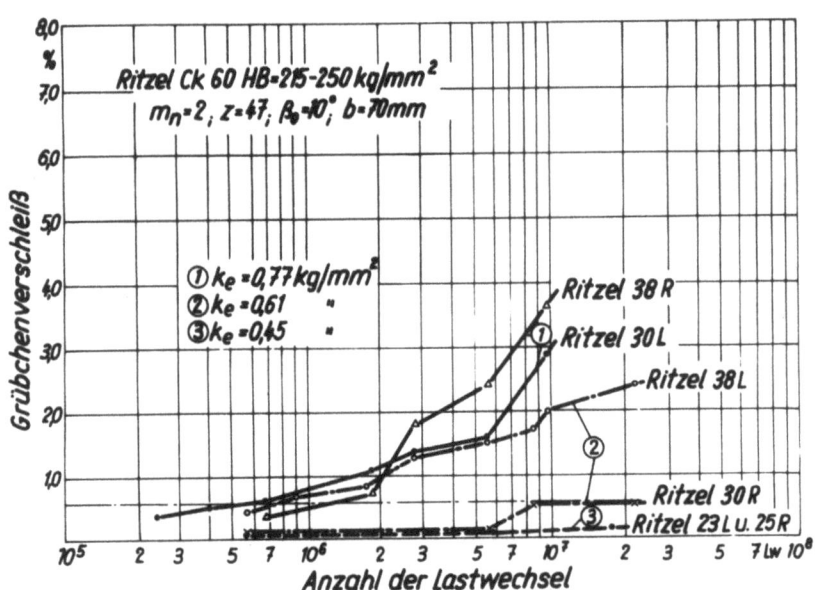

Abbildung 27

Wälzpressung und Grübchenverschleiß

(Schrägverzahnung $\beta_o = 10°$; n = 960 min^{-1})

Weiterhin ist die Flankenhärte von großem Einfluß. Für Rad 36 wurde eine Brinellhärte von 209 kg/mm^2 und für Rad 43 von 180 kg/mm^2 gemessen. Demzufolge ist der Verschleiß am Schluß des Versuches bei den Kurven (2) für Rad 43 schon wesentlich größer als der von Rad 36, obwohl für Rad 36 zu Beginn des Versuches infolge der schlechteren Flankenbeschaffenheit die Verhältnisse umgekehrt lagen. Bei beiden Kurven (1) ist kaum eine Streuung festzustellen, da hier beide Einflüsse sich gegenseitig aufheben.

In Abbildung 27 sind zum Vergleich die Grübchenverschleißkurven für die Ritzel Ck 60 bei gleichen Belastungen für die langsamere Drehzahl von n = 960 U/min (v_u = 5 m/s) aufgetragen. Hier geht die Abhängigkeit von der Größe der Wälzpressung durch die Lage der Kurven eindeutig hervor. Die beiden Kurven (1) für die größte Pressung zeigen auch den größten Grübchenverschleiß. Jedoch liegt Ritzel 30 infolge der größeren Härte etwas günstiger als Ritzel 38. Dies läßt sich auch für die nächst kleinere Wälzpressung bei den Kurven (2) für die andere Flankenseite dieser beiden Ritzel feststellen. Für Ritzel 38 wurde mit der Laufzeit zunehmender Grübchenverschleiß gemessen, während bei Ritzel 30 nur Einlaufpittings festzustellen waren, die nach $8,5 \cdot 10^6$ Lastwechsel infolge starken Verschleißes des Gegenrades noch einmal um 0,4% zunahmen, dann aber in dem untersuchten Bereich auch mit zunehmender Laufzeit konstant blieben. Bei der kleinsten Pressung zeigten beide Ritzel (23 und 25) nur etwa 0,1 % Einlaufpittings.

In Abbildung 28 ist nun für die Räder und Ritzel der Grübchenverschleiß in Form eines Säulendiagrammes nach 10^7 Lastwechsel für zwei verschiedene Drehzahlen in Abhängigkeit von der Wälzpressung aufgetragen. Die Lastabhängigkeit geht aus der Größe der Säulen hervor. Bei einer Wälzpressung von 0,29 kg/mm^2 beträgt der Verschleiß für drei der untersuchten Räder Ck 45 weniger als 0,2% Einlaufpittings. Nur ein Rad zeigt bei dieser Belastung mit der Laufzeit zunehmenden Grübchenverschleiß. Für 0,45 kg/mm^2 und größere Wälzpressungen konnte dagegen für alle Räder mit der Laufzeit zunehmende Pittingbildung festgestellt werden. Die untere Bildhälfte zeigt dieses Verhältnis für die Ritzel Ck 60. Bei einer Wälzpressung von 0,29 und 0,45 kg/mm^2 waren bei allen Ritzeln lediglich Einlaufpittings, kleiner als 0,2%, festzustellen. In der nächsthöheren Laststufe von k = 0,60 kg/mm^2 wurde für zwei Ritzel zunehmender Grübchenanteil gemessen, während die beiden anderen ebenfalls nur Einlaufpittings bis 0,5% zeigten. Bei der höchsten untersuchten Wälzpressung von 0,76 kg/mm^2 war auch für alle Ritzel mit der Laufzeit ansteigender Grübchenverschleiß zu verzeichnen. Um für den praktischen Gebrauch lastabhängige Werte angeben zu können, ist es sinnvoll, diese Verhältnisse in Form von Wöhler-Kurven anzugeben. Dazu ist es üblich, als Kriterium für verschiedene Belastungen die Laufzeit zu bestimmen, bei der Pittingbildung beginnt und als Wert für die Dauerfestigkeit die

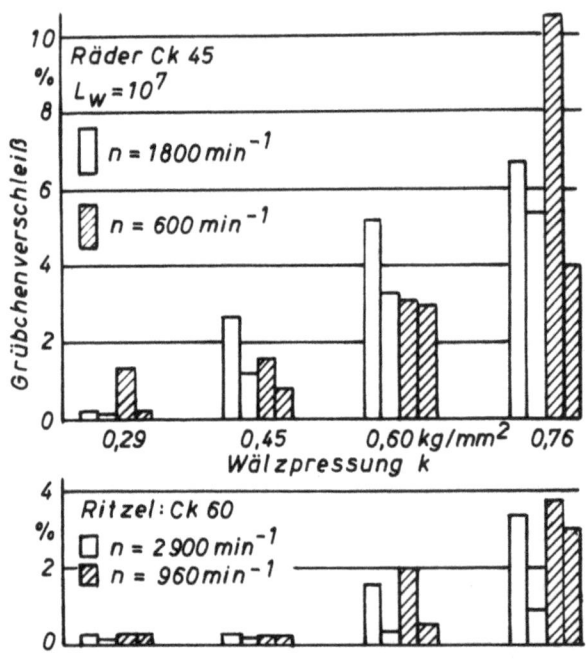

Abbildung 28
Wälzpressung und Grübchenverschleiß

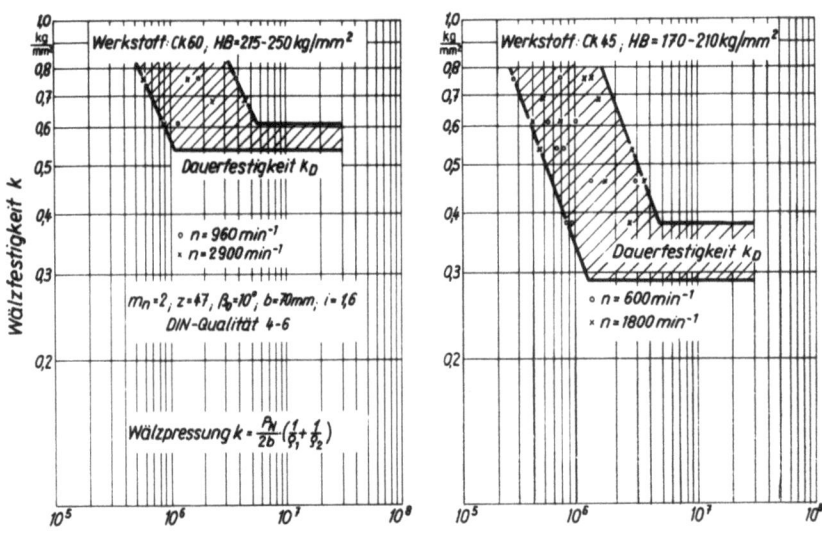

Abbildung 29
Zahnwälzfestigkeit (Schrägverzahnung $\beta_o = 10°$)

Wälzpressung anzugeben, bei der keine Pittingbildung auftritt. Bei der Messung der Verschleißkurven hat sich aber gezeigt, daß immer Einlaufpittings auftraten. Da diese in allen Fällen mit zunehmender Laufzeit konstant blieben und sehr klein waren, sind sie vernachlässigbar. Als Wert für den zulässigen Flankenverschleiß ist daher 0,6% festgesetzt worden.

Aus den vorhin beschriebenen Grübchenverschleißkurven lassen sich somit für ein $V_{zul} = 0,6\%$ für die verschiedenen Flankenpressungen die zugehörigen Laufzeiten ermitteln und eine Wöhler-Kurve für den entsprechenden Werkstoff aufstellen.

In Abbildung 29 sind auf diese Weise die Zusammenhänge für die Zahnwälzfestigkeit der Werkstoffe Ck 45 und Ck 60 dargestellt. Für die Räder ist diese Kurve rechts im Bild angegeben. Wie auch schon aus den Grübchenverschleißkurven zu erwarten war, ergibt sich eine große Streubreite. Die Dauerfestigkeit, das ist die Wälzpressung, mit der die Flanke belastet werden kann, ohne daß Pittingbildung eintritt, ergibt sich als eine Parallele zur Abszisse. Die Dauerwälzfestigkeit schwankt zwischen 0,29 und 0,37 kg/mm^2. Links im Bild sind die gleichen Zusammenhänge für die untersuchten Ritzel Ck 60 dargestellt. Die Dauerfestigkeit schwankt zwischen 0,53 und 0,61 kg/mm^2. Die Streubreite ist für Räder und Ritzel gleich. Sicherheitshalber legt man bei der Berechnung die kleinsten Werte zu Grunde. Der dynamische Anteil wurde für diese Räder berechnet. Die Gesamtwälzfestigkeit ergibt sich dann aus der Summe von statischer und dynamischer Wälzfestigkeit.

Für Schrägverzahnung rechnet man mit einem Lastverteilungsfaktor f_v, da infolge des größeren Überdeckungsgrades die Flanken weniger beansprucht werden als bei Geradverzahnung. Bei den vorhin beschriebenen Versuchen ist dieser Faktor zunächst nicht berücksichtigt worden, da für breite, geradverzahnte Räder noch keine Versuchsergebnisse vorliegen. Als Parameter ist daher der Schrägungswinkel $\beta_o = 10°$ beibehalten worden.

Um jedoch einen Vergleich mit den aus der Literatur bekannten Wälzfestigkeiten für schmale Räder durchführen zu können, sind sie für ähnliche Verhältnisse umgerechnet und in folgender Tabelle zusammengestellt worden:

| Werkstoff | Ölzähigkeit 10,5°E | | | | | Ölzähigkeit 13,5°E | | aus Literatur |
| | Ohne Berücksichtigung des Lastverteilungsfaktors f_v | | | | | $f_v = 0,84$ | | |
	k_{stat} kg/mm^2	k_{dyn} kg/mm^2	k_{ges} kg/mm^2	k_{stat} kg/mm^2	k_{ges} kg/mm^2	$k_{stat} \times f_v$ kg/mm^2	$k_{ges} \times f_v$ kg/mm^2	k_{zul} kg/mm^2
Ck 45	0,29	0,10	0,39	0,31	0,41	0,26	0,34	0,34
Ck 60	0,53	0,10	0,63	0,57	0,67	0,48	0,56	0,48

Dabei sind zunächst die aus den Versuchen bestimmten Dauerfestigkeiten auf eine Ölzähigkeit von 13,5°E bezogen worden (13,5°E: $f_{öl} = 1$; 10,5°E: $f_{öl} = 0,93$). Die Umrechnung mit dem für diese schrägverzahnten Räder angegebenen Lastverteilungsfaktor $f_v = 0,84$ ergibt dann die Werte, die mit den aus der Literatur bekannten zulässigen Dauerfestigkeiten vergleichbar sind. Die Wälzfestigkeit für den Werkstoff Ck 45 entspricht dem bekannten Wert für k_{zul}, während der aus den Versuchen ermittelte Wert für Ck 60 um 0,08 kg/mm^2, das sind 16%, höher liegt.

Im folgenden soll noch kurz auf die Veränderung der Flankenform durch den Reibverschleiß und dessen Belastungsabhängigkeit eingegangen werden. Infolge der guten Verzahnungsqualität, besonders in der Evolvente, war der Abrieb sehr gering. Er wird daher mit Hilfe der Evolventenmessung vor und nach dem Laufversuch bei 1000facher Vergrößerung bestimmt.

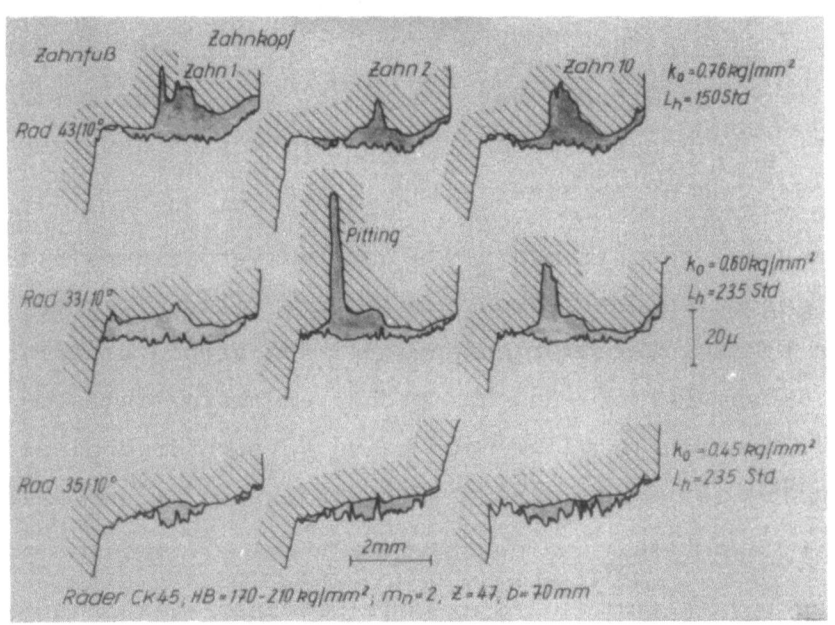

A b b i l d u n g   30
Wälzpressung und Reibverschleiß
(Schrägverzahnung $\beta_o = 10°$; $n = 1800\ min^{-1}$)

In Abbildung 30 sind für drei verschiedene Belastungen und je drei Zähne die Evolventen vor und nach dem Laufversuch übereinander gezeichnet. Die schwarz angelegte Fläche stellt dann den Abrieb dar, welcher in der Zeit, die rechts im Bild jeweils angegeben ist, abgerieben wurde. Es ergibt sich auch für den Reibverschleiß eine klare Lastabhängigkeit. Für die kleinste Wälzpressung ist nach 235 Stunden ein Abrieb über die ganze Flanke zu verzeichnen. Alle Unebenheiten auf der Flanke sind in dieser Zeit abgetragen worden. Für die nächste höhere Belastung ist nach der gleichen Laufzeit schon ein wesentlich größerer Teil abgerieben worden. Der größte Abrieb findet in der Zahnmitte statt. Das härtere Gegenritzel hat sich hier in das weichere Rad eingegraben. An Zahn 2 ist auch die Größenordnung eines Grübchens gut zu erkennen. Bei der größten Belastung findet auch der größte Reibverschleiß statt, wie aus der oberen Bildzeile zu erkennen ist. Hier ist der größte Abrieb ebenfalls in der Zahnmitte zu verzeichnen.

In Abbildung 31 sind die Verhältnisse für die Gegenritzel dieser Räder nach den gleichen rechts im Bild angegebenen Laufzeiten angegeben. Aus den Diagrammen geht die Abhängigkeit von der Wälzpressung ebenfalls hervor. Bei den kleineren Pressungen k_e = 0,45 und 0,61 kg/mm^2 hat ein Abrieb über die ganze Flanke stattgefunden. Dabei sind im wesentlichen die Erhebungen und Rauhigkeitsspitzen auf der Flanke abgetragen worden. Wie in der oberen Bildzeile zu sehen ist, zeigte hier die Ausgangsevolvente nur sehr kleine Rauhigkeiten. Entsprechend der größten Wälzpressung von k_e = 0,77 kg/mm^2 sind nicht nur Oberflächenrauhigkeiten abgetragen worden. Über die ganze Flankenbreite ist Reibverschleiß zu verzeichnen, wobei der maximale Abrieb am Zahnfuß und am Zahnkopf festzustellen ist. Dies entspricht dem theoretischen Verlauf der Gleitgeschwindigkeit. In Höhe des Teilkreises an der Stelle, an der die Gleitgeschwindigkeit Null ist, ist der Abrieb am geringsten, so daß hier eine Erhebung stehengeblieben ist, die sich, wie Abbildung 30 zeigt an der gleichen Stelle in das weichere Gegenrad eingegraben hat. Deutlicher geht das aus Abbildung 32 hervor, das eine Gegenüberstellung je eines Rades und Ritzelzahnes für beide Drehzahlen wiedergibt. Für beide Drehzahlen ist der Verlauf des Reibverschleißes der Ritzel proportional der Gleitgeschwindigkeit. Der Materialabtrag ist in Teilkreishöhe gleich Null, so daß an dieser Stelle eine Erhebung stehenbleibt. Für die Räder liegen die Verhältnisse umgekehrt. Der maximale Abrieb findet in Teilkreishöhe statt. Hier hat sich das härtere Gegenritzel Ck 60 in das weichere Rad eingegraben. Eine weitere Tatsache geht aus diesem Bild ebenfalls hervor. Trotz der dreifachen Drehzahl, was der dreifachen Überrollungszahl entspricht, ist der Abrieb nach fast gleichen Laufzeiten gleich groß. Der Reibungsverschleiß hängt also in seiner Größe weniger von der Geschwindigkeit als von der Wälzpressung und der Laufzeit ab.

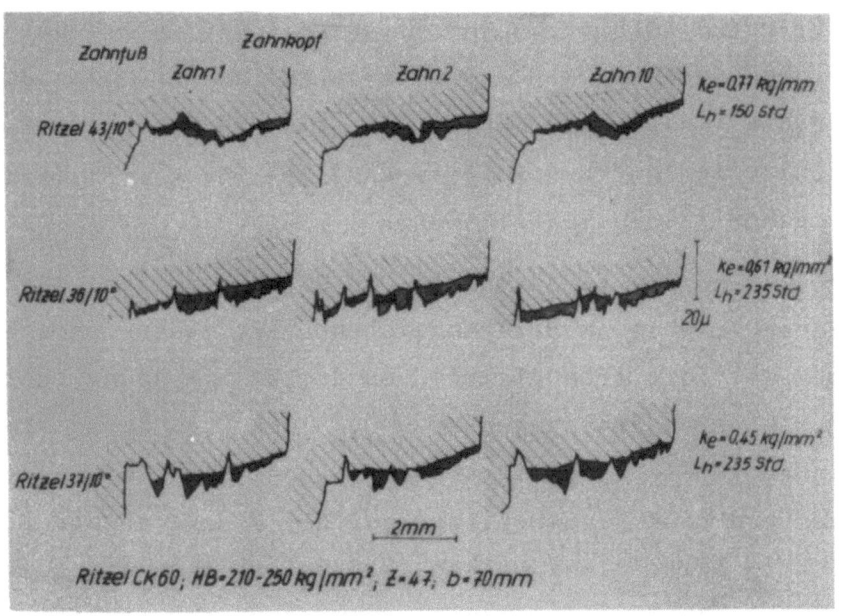

Abbildung 31
Wälzpressung und Reibverschleiß
(Schrägverzahnung $\beta_o = 10°$; $n = 2900$ min^{-1})

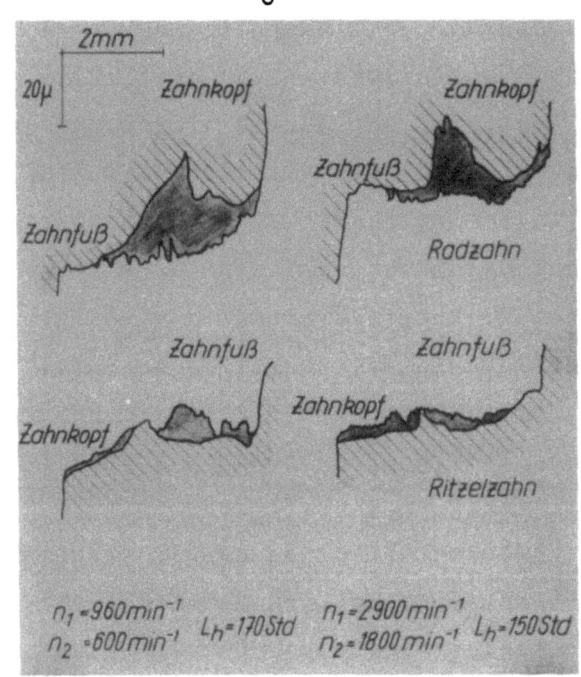

Abbildung 32
Reibverschleiß der Zahnflanken

b Verzahnungsqualität und Verschleißverhalten

Der effektive Traganteil der Zahnflanken hängt in starkem Maße von ihrer Oberflächengüte ab, so daß auch das Verschleißverhalten davon beeinflußt wird. In Abbildung 33 sind die Grübchenverschleißkurven für beide Flankenseiten eines geradverzahnten Rades eingetragen. Vor dem Laufversuch wurde die eine Flankenseite soweit geläppt, daß gerade die Erhebungen und Rauhigkeiten, die nach dem Fräsen noch vorhanden, abgetragen waren, so daß die Evolvente den unten rechts im Bild eingezeichneten Verlauf hatte. Entsprechend der guten Flankenoberfläche ergibt sich für diese Flanke nur wenig mit der Laufzeit sehr langsam ansteigender Grübchenverschleiß. In der zweiten Versuchsphase wurde dann für die andere Flankenseite, deren Evolvente oben im Bild eingezeichnet ist, die Verschleißkurve unter sonst gleichen Bedingungen aufgenommen. Schon nach 10^6 Lastwechsel zeigt diese Flankenseite Pittingbildung, die dann mit der Laufzeit fast linear zunimmt. Nach 3×10^7 Überrollungen zeigt die gefräste Flanke zehnmal soviel Grübchenverschleiß wie die geläppte. Der Unterschied erklärt sich durch die schlechtere Evolvente und Flankenoberfläche der gefrästen Flanke, was einen wesentlich kleineren Traganteil zur Folge hat. Die effektive Wälzpressung auf dieser Flanke ist entsprechend wesentlich größer. An den Stellen, an denen die gefräste Flanke Erhebungen aufweist, bilden sich zunächst Grübchen infolge der Belastungsspitzen an diesen Stellen. Mit zunehmender Laufzeit wird diese Flanke durch Reibverschleiß zwar auch geglättet, so daß der Traganteil größer zu werden scheint. Da die Last jedoch längs einer Berührungslinie über die Zahnbreite übertragen wird, wird der Traganteil durch die Pittingbildung in noch stärkerem Maße verringert. Die Folge ist dann mit der Laufzeit stark zunehmender Grübchenverschleiß, der dann zu einer völligen Zerstörung der Flankenoberfläche in dem Gebiet zwischen Fuß- und Teilkreis führt. Da diese Oberflächenrauhigkeiten, die nach dem Fräsen immer noch vorhanden sind, einen solch großen Einfluß auf das Verschleißverhalten ausüben, ist es zweckmäßig, alle Räder vor Gebrauch entweder einlaufen zu lassen oder zu läppen. Ein Vergleich beider Verfahren bezüglich ihres Verschleißverhaltens geht qualitativ aus Abbildung 34 hervor. In der linken Bildhälfte ist die eingelaufene Flanke von zwei gleichzeitig untersuchten Rädern nach 285 Stunden Laufzeit und in der rechten Bildseite die entsprechende geläppte nach 330 Stunden Laufzeit zu erkennen. Dabei ist auf beiden eingelaufenen Flanken Grübchenverschleiß festzustellen. Gleichfalls ist eine

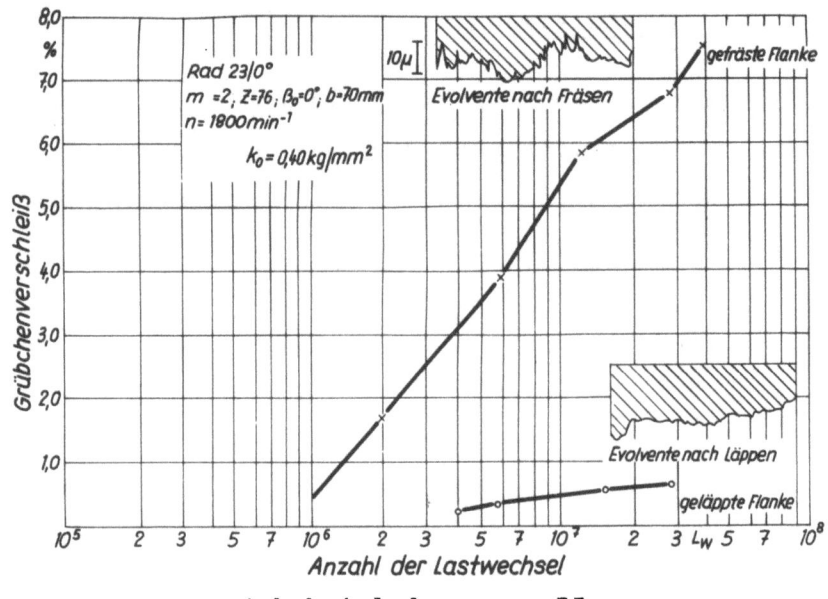

Abbildung 33

Flankenoberfläche und Grübchenverschleiß

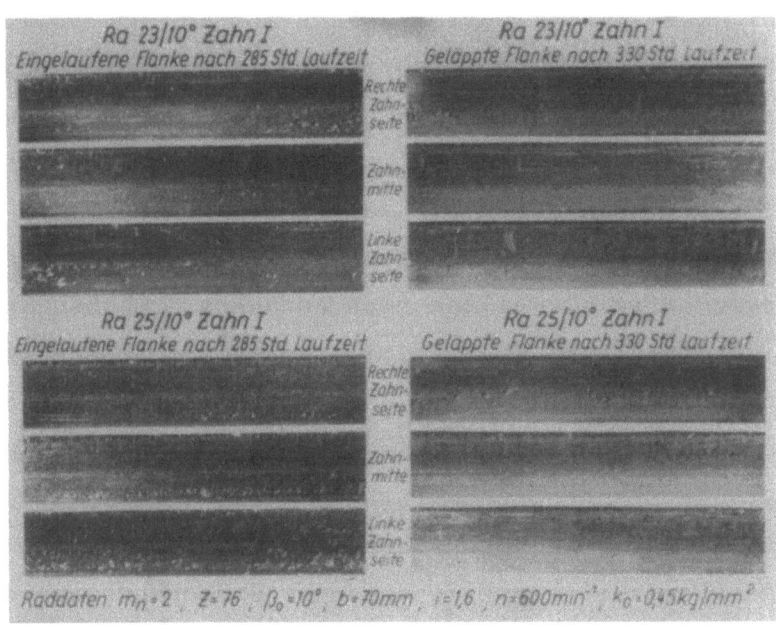

Abbildung 34

Flankenoberfläche und Verschleiß

Orientierung in Evolventenrichtung vorhanden. Dies deutet auf Reibverschleiß auf diesen Flanken hin. Bei den rechts im Bild dargestellten Flanken sind vor dem Laufversuch nur die Oberflächenrauhigkeiten weggeläppt worden. Im Gegensatz zu den eingelaufenen Radflanken weisen beide Räder nur wenige kleine Grübchen auf. Aus einzelnen Bearbeitungsriefen quer zur Flanke, die nach dem Läppen noch stehengeblieben sind, läßt sich schließen, daß infolge der guten Evolvente ebenfalls kaum Reibverschleiß zu verzeichnen ist.

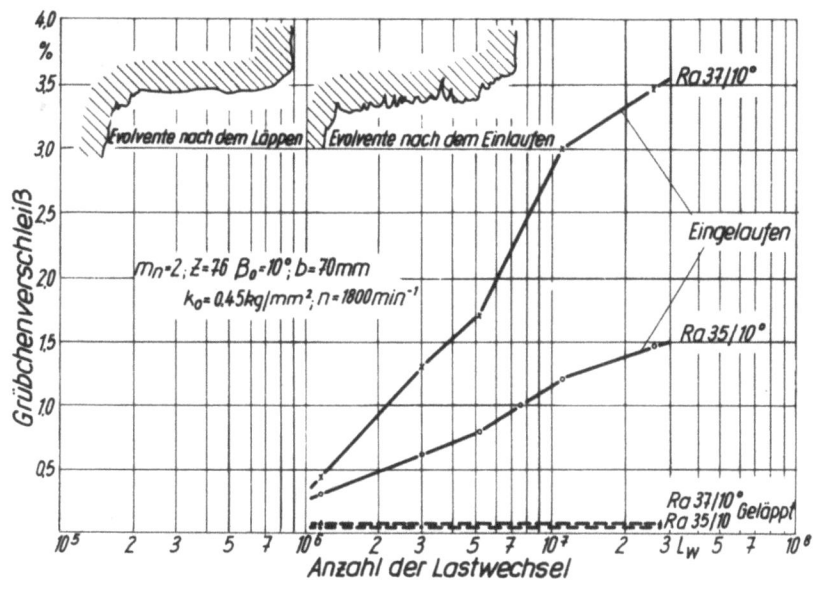

Abbildung 35

Grübchenverschleiß und Flankenoberfläche

In Abbildung 35 sind nun dieselben Verhältnisse für zwei andere Räder quantitativ dargestellt. Die eine Flankenseite ist soweit geläppt worden, daß auf der Oberfläche keine Riefen und Rauhigkeiten mehr festzustellen sind. Die Evolvente der geläppten Flanke ist fast gerade und glatt. Beide Kurven für den mittleren Grübchenverschleiß der geläppten Radflanken liegen entsprechend ganz unten im Diagramm. Nach 10^6 Lastwechsel wurden hier nur wenige Einlaufgrübchen, welche mit bloßem Auge noch nicht festzustellen sind, gemessen. Auf der anderen Flankenseite waren, wie in der Bildmitte oben zu sehen ist, auch nach dem Einlaufen noch Oberflächenrauhigkeiten vorhanden. Entsprechend ist auch für beide eingelaufenen Räder schon nach 10^6 Lastwechsel Pittingbildung festzustellen, die dann mit der Laufzeit stark zunimmt, so daß nach ungefähr 300 Laufstunden die Flanke schon ziemlich zerstört ist.

Da für keines von insgesamt vier untersuchten geläppten Rädern mit der Laufzeit zunehmender Grübchenverschleiß eingetreten ist, läßt sich eine Dauerwälzfestigkeit von $k_D = 0,45$ kg/mm^2 angeben. Dieser Wert liegt um 50% höher als der für die eingelaufenen Räder.

Für den Reibverschleiß ergab sich gleiches Verhalten. Abbildung 36 zeigt dazu den Vergleich für die Räder mit einer Drehzahl von $n = 1800$ min^{-1}. Die eingelaufenen Radflanken zeigen nach nur 235 Laufstunden etwa dreimal soviel Reibverschleiß wie die geläppten.

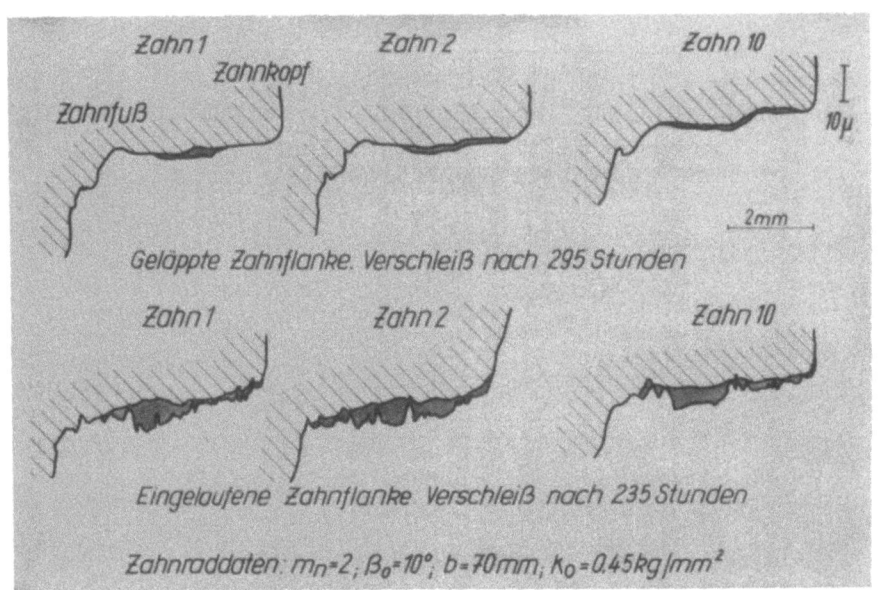

A b b i l d u n g   36
Reibverschleiß und Flankenoberfläche
(Ck 45; n = 1800 min^{-1})

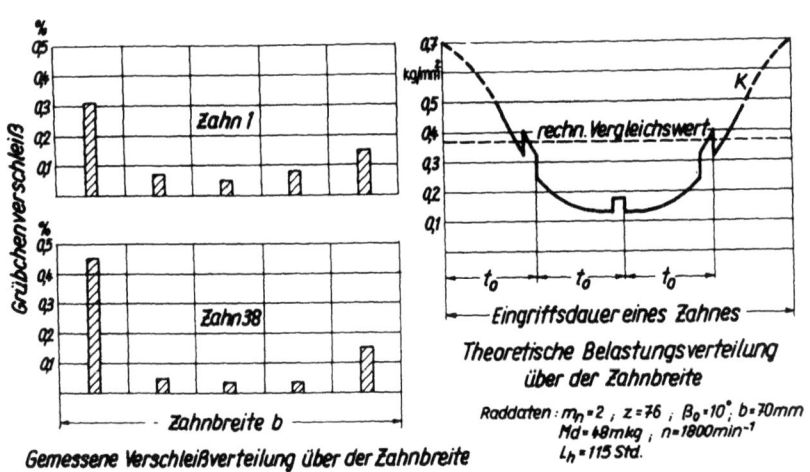

A b b i l d u n g   37
Belastungsverteilung und Verschleißverteilung
über der Zahnbreite

Neben der Evolvente und der Flankenoberfläche üben auch alle anderen Verzahnungsfehler auf die Belastungs- und demzufolge die Verschleißverteilung einen starken Einfluß aus. Für schrägverzahnte Stirnräder ist die Wälzpressung nicht über die ganze Zahnbreite gleich groß. Auf Grund eines ungeraden Überdeckungsgrades und der veränderlichen tragenden Zahnbreite entsteht ein Verlauf, wie er in Abbildung 37 oben rechts dargestellt ist. Zu Beginn und zu Ende der Eingriffsdauer wird die Wälzpressung sehr groß, so daß die Zähne auf den Ecken mehr beansprucht werden als in Zahnmitte. In der linken Bildhälfte ist die Verschleißverteilung für zwei Zähne eines Rades über der Zahnbreite aufgetragen. Die Verschleißverteilung entspricht dem theoretischen Verlauf der Wälzpressung. Jedoch ergibt sich auf der linken Zahnseite mehr Verschleiß als auf der rechten. Dies entspricht aber ebenfalls den theoretischen Überlegungen, da bei diesem Rad der Eingriff zunächst am Zahnfuß auf der linken Seite beginnt und dann auf der rechten am Zahnkopf aufhört. Die kleinste tragende Zahnbreite liegt daher links unterhalb des Teilkreises im Pittinggebiet und rechts oberhalb des Teilkreises, wo im allgemeinen keine Grübchen auftreten. Diese Erscheinung wird jedoch vom Zahnrichtungsfehler und dem Taumelfehler stark überlagert.

Infolge schlechten Ausrichtens beim Fräsen oder durch Einbaufehler taumelt oder schlägt die Verzahnung. Taumelfehler von 10 bis 20 μ beeinflussen die Belastungs- und Verschleißverteilung schon erheblich. In Abbildung 38 ist dazu der Grübchenverschleiß für acht Zähne jeweils im rechten Zahndrittel, in der Zahnmitte und im linken Zahndrittel gegenübergestellt. Die gemessenen Zähne waren dabei, wie im Bild oben rechts angegeben, um $45°$ gegeneinander versetzt, gleichmäßig auf den Umfang des Rades verteilt. Die Verschleißverteilung ist auf der linken Bildhälfte angegeben. Zwischen Zahn 29 und 57 ergibt sich auf der linken Zahnseite ein Verschleißminimum. An derselben Stelle ist auf der rechten Seite entsprechend dem Taumelfehler ein Maximum zu verzeichnen. In der Zahnmitte werden alle Zähne gleichmäßig belastet. Die Größe des Grübchenverschleißes ist daher auch im mittleren Zahndrittel über den ganzen Umfang des Rades konstant.

In Abbildung 39 ist links der Zahnrichtungsfehler, wie er für die Links- und Rechtsflanke von Rad und Ritzel gemessen wurde, eingezeichnet. Auf einer Zahnbreite von 70 mm ergibt sich eine Differenz zwischen Rad und Ritzel von 26 μ . In der Bildmitte sind diese Verhältnisse noch einmal im Prinzip schematisch angegeben. Belastet man nun die Linksflanke, so muß sich die rechte Zahnseite um 26 μ verformen, bis erst die linke Zahnseite zum Tragen kommt. Für die Rechtsflanke liegen die Verhältnisse umgekehrt. In der Versuchsdurchführung wurde daher zuerst die Linksflanke belastet und die Verschleißverteilung über der Zahnbreite gemessen. Die rechte Zahnseite weist etwa 4mal soviel Verschleiß auf wie die linke. In der zweiten Versuchsphase wurde dann bei der gleichen Belastung die Verschleißverteilung für die andere Flankenseite bestimmt. Entsprechend dem Zahnrichtungsfehler ist nun der größte Verschleiß auf der linken Zahnseite zu finden. Der gesamte Grübchenverschleiß der

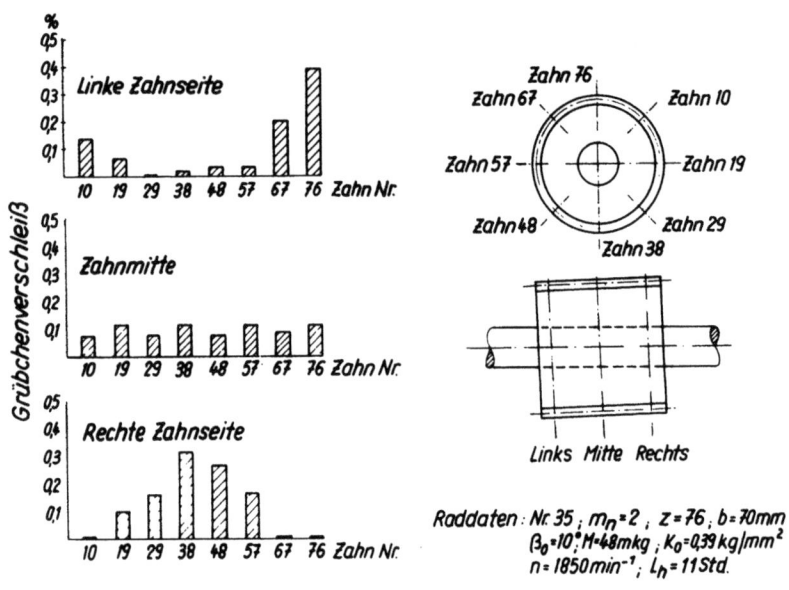

Abbildung 38

Taumelfehler und Verschleißverteilung

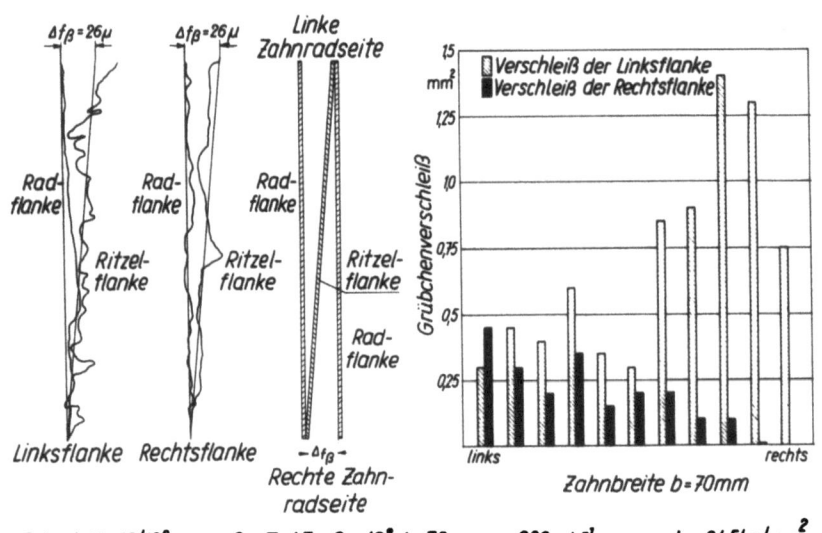

Abbildung 39

Zahnrichtungsfehler und Grübchenverschleiß

Rechtsflanke ist jedoch wesentlich kleiner als der der Linksflanke. Betrachtet man dazu das Zahnrichtungsfehlerdiagramm - links im Bild - so erkennt man, daß die Linksflanke von schlechterer Qualität als die Rechtsflanke ist.

Ein weiterer Zusammenhang zwischen Verschleiß und Verzahnungsfehlern geht aus Abbildung 40 hervor. Oben im Bild sind die Oberflächenfotos zweier Zahnflanken von zwei verschieden guten Rädern (Nr. 3 und Nr. 5) dargestellt. Die beiden Zähne zeigen dabei so viel Verschleiß wie der

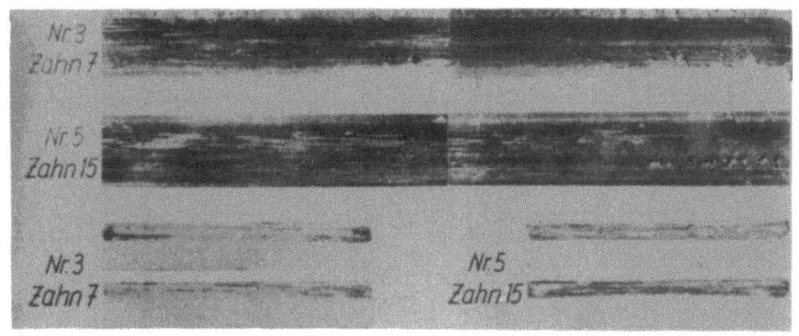

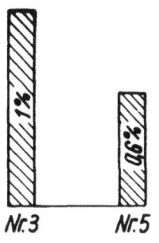

Abbildung 40
Tragbilder und Grübchenverschleiß

Mittelwert aller untersuchten Zahnflanken des jeweiligen Ritzels, so daß mit ihnen ein guter Vergleich möglich wird. Die Tragbilder der beiden Zahnflanken sind in der Bildmitte wiedergegeben. Die linken Tragbilder, die zur oberen Bildzeile gehören, sind schlechter als die rechten, die zur unteren Bildzeile gehören. In der Tabelle unten links sind die größten Teilungssprünge sowie der größte Summenteilfehler und die zugehörigen DIN-Qualitäten für beide Ritzel angegeben. Ritzel Nr. 3 liegt eine Qualität schlechter als Nr. 5. Der mittlere Grübchenverschleiß im Bild unten rechts beträgt entsprechend für das bessere Ritzel 0,6% und für das schlechtere 1% bei gleicher Laufzeit und Belastung.

In Abbildung 41 ist dieser Einfluß näher erläutert. Hier ist der Grübchenverschleiß in Form eines Säulendiagrammes für je sechs Zähne und deren Mittelwert bei vier verschiedenen Verzahnungsqualitäten angegeben. Der Grübchenverschleiß für Qualität 10 ist 20mal und der für Qualität 8 7mal so groß wie für Qualität 5. Der Verschleiß der Zahnflanken nimmt mit schlechter werdender Verzahnungsqualität progressiv zu. Die Streuung der Verschleißwerte einzelner Zähne eines Rades schlechter Qualitäten ist erheblich größer als bei Rädern guter Qualität.

In Abbildung 42 sind dazu die Verschleißwerte von je sechs auf den Umfang gleichmäßig verteilten Zähne für zwei Ritzel der Qualitäten 5 und 9 nach verschiedenen Laufzeiten gegenübergestellt. Diese sind so ausge-

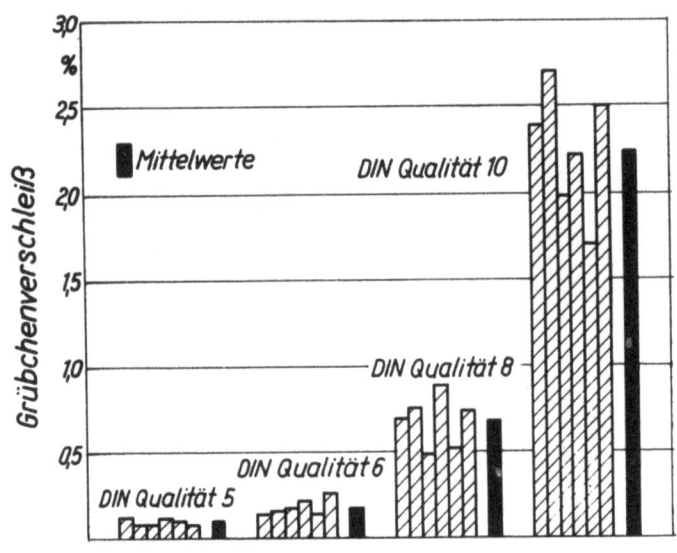

Abbildung 41
Qualität und Grübchenverschleiß

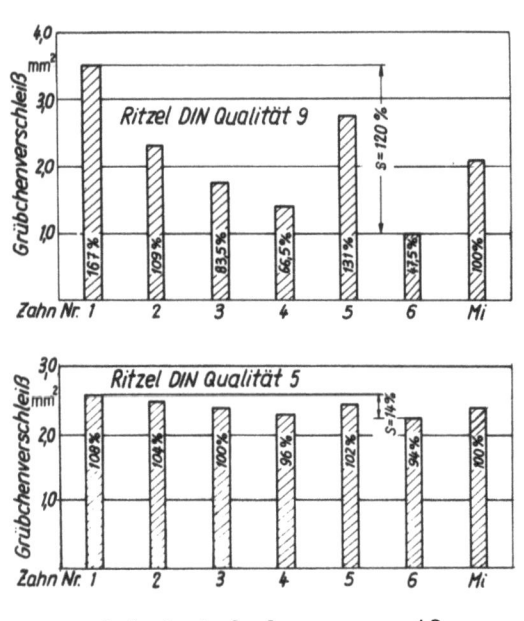

Abbildung 42
Qualität und Streuung der Verschleißwerte

wählt, daß ihre Verschleißmittelwerte ungefähr gleich groß sind. Setzt man nun die arithmetischen Mittelwerte gleich 100% und bezieht darauf alle anderen Werte, so läßt sich die maximale Streubreite in Prozent angeben. Diese beträgt in diesem Falle für die gute Qualität nur 14% gegenüber 120% der schlechten Qualität. Diese großen Unterschiede im Verschleißverhalten einzelner Zähne sind im wesentlichen auf die unterschiedlich großen Teilungssprünge zurückzuführen.

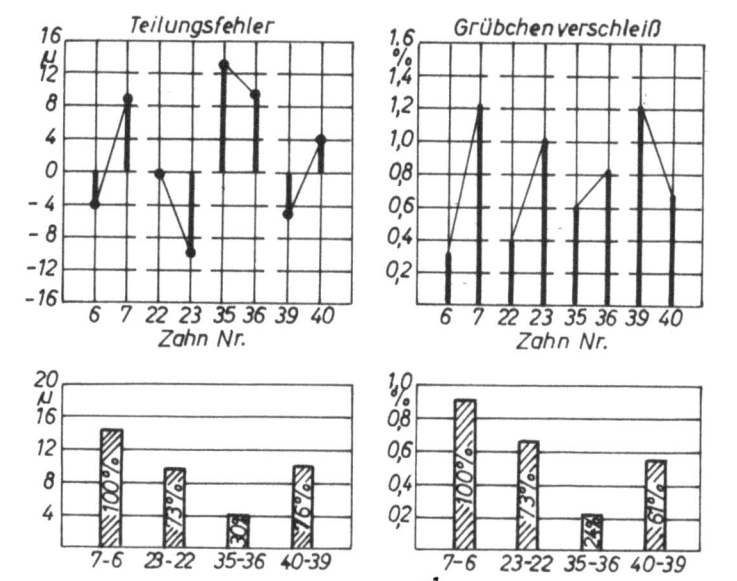

Abbildung 43
Teilungsfehler und Grübchenverschleiß

Dies geht auch aus Abbildung 43 hervor. Hier sind für 8 Zähne eines geradverzahnten Ritzels, von denen ebenfalls je 2 Zähne benachbart auf dem Umfang liegen, die Teilungsfehler und der Grübchenverschleiß gegenübergestellt. Links oben im Bild ist der Einzelteilfehler, wie er an den untersuchten Zähnen gemessen wurde, aufgezeichnet. Der Grübchenverschleiß dieser Zähne nach 500 Stunden Laufzeit geht aus dem rechten oberen Diagramm hervor. Unten im Bild ist links der Teilungssprung und entsprechend rechts der Verschleißunterschied der benachbarten Zahnflanken aufgetragen. Der Teilungssprung sowie die Verschleißdifferenz zwischen Zahn 6 und 7 sind gleich 100% gesetzt worden. Bezieht man die entsprechenden Werte der übrigen benachbarten Zahnflanken auf diesen Wert, so ergibt sich zwischen Teilungssprung und Verschleißunterschied die gleiche Tendenz. Daraus läßt sich schließen, daß hier ein unmittelbarer Zusammenhang zwischen dem Verschleißverhalten und dem Teilungsfehler der Zahnflanken bestehen muß. Dieser Zusammenhang konnte bei fast allen untersuchten Rädern mit der gleichen Eindeutigkeit nachgewiesen werden. Die Teilungsfehler beeinflussen aber auch das Laufverhalten der Zahnräder, da sie Schwingungen in Zahneingriffsfrequenz hervorrufen. In Abbildung 44 sind die Torsionsschwingungsamplituden von Zahnrädern der Qualitäten 5 und 9 gegenübergestellt. Die Amplituden des Frequenzgemisches betragen 28 μ für Qualität 9 gegenüber 18 μ der Qua-

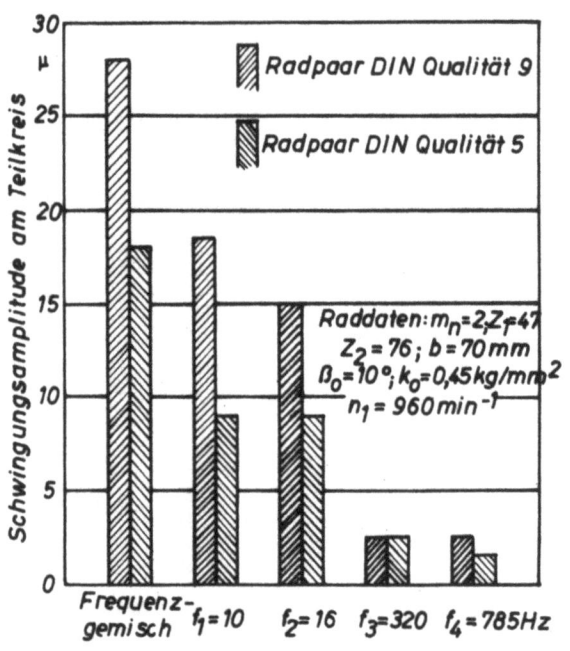

Abbildung 44
Qualität und Schwingungsverhalten

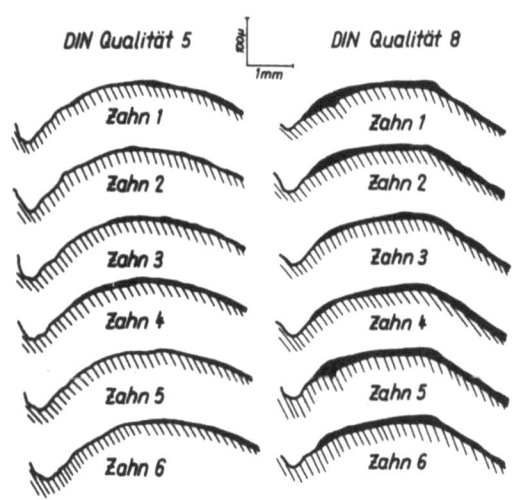

Abbildung 45
Qualität und Reibverschleiß

lität 5. Der Summenteilungsfehler ist periodisch mit einer Umdrehung des Zahnrades. Er beeinflußt daher die Schwingungen in der Frequenz der Drehzahlen von Rad und Ritzel. Die Drehzahl der Räder ist 10 Hz und die der Ritzel 16 Hz. Infolge der fast doppelt so großen Summenteilungsfehler der schlechten Qualität ergeben sich für diese auch entsprechend fast doppelt so große Amplituden. Die Schwingung von 320 Hz erfolgt in der Eigenfrequenz der Getriebewellen. Sie wird von den Verzahnungsfeh-

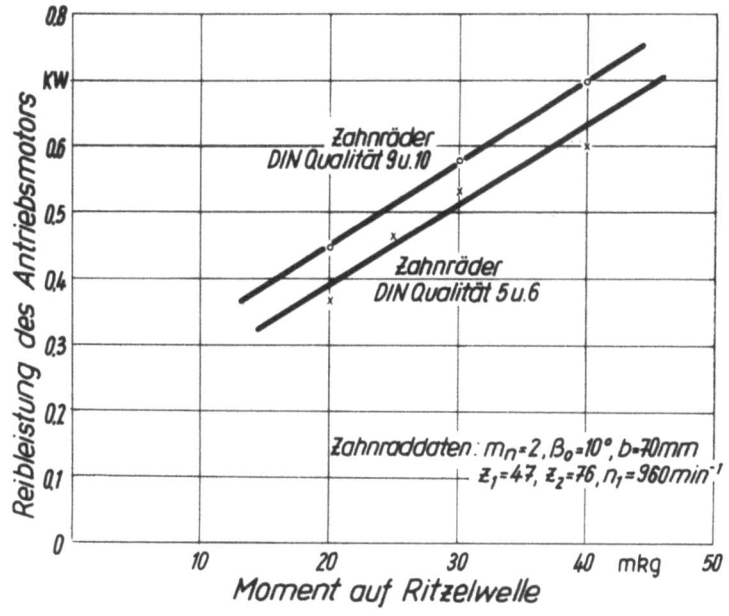

Abbildung 46
Qualität und Reibungsleistung

lern nicht beeinflußt, so daß für beide Radpaare gleich große Ausschläge von 2,5 µ gemessen wurden. Die beiden Säulen ganz rechts geben die Schwingungen in Zahneingriffsfrequenz wieder. Die Amplitude am Teilkreis beträgt für die gute Qualität 1,5 µ gegenüber 2,5 µ der Qualität 9.

Diese sind zwar sehr klein, aber infolge der großen Frequenz ergeben sich zusätzliche Beschleunigungskräfte, welche ebenfalls einen Einfluß auf das Verschleißverhalten ausüben.

In Abbildung 45 ist die Abhängigkeit des Reibverschleißes von der Verzahnungsqualität zu erkennen. Die Messung erfolgte im eingebauten Zustand der Räder mit einem schreibenden Feintaster. Die Flankenformen der schlechten Qualität - rechts im Bild - weisen vor dem Versuch relativ große Fehler auf, während die guten - links im Bild - sehr gleichmäßig sind. Die Größe des Reibverschleißes ist entsprechend, wie aus Diagrammen schon rein qualitativ hervorgeht. Er beträgt im Mittel 5 bis 8 µ für Qualität 5 gegenüber 15 bis 20 µ der schlechteren Flanken. Infolge der schlechteren Qualität und entsprechend des größeren Abriebes wird auch der Wirkungsgrad der Zahnräder mit schlechten Flanken kleiner. Dies macht sich dann in der Reibungsleistung des Antriebsmotors deutlich bemerkbar. Abbildung 46 zeigt dazu die Antriebsleistung des Motors für Räder der Qualität 9÷10 und 5÷6 in Abhängigkeit von der Belastung der Ritzelwelle. Die Reibleistung bei den guten Rädern ist kleiner als bei den schlechten.

4. Zusammenfassung

Die zur Ermittlung des Verschleißverhaltens wälzgefräster Zahnräder großer Breite eingesetzten Verspannungsprüfstände und deren Kontrollorgane werden erläutert. Der Flankenverschleiß wird getrennt nach Grübchen- und Reibverschleiß bestimmt; die Möglichkeiten zur Messung beider Verschleißarten sind angegeben. Der Einfluß des Einlaufens wurde an Hand der Evolventen- und Teilungsfehlermessung näher untersucht. Räder der Qualität 7 bis 8 konnten damit auf Qualität 6 verbessert werden. Der Einfluß des Einlaufens bei Flanken mit guter Ausgangsevolvente, d.h. für Räder der Qualität 4 und besser, ist jedoch kaum von Bedeutung.

Die Veränderung der Flankenoberfläche mit der Laufzeit bei konstanter Belastung geht aus den zugehörigen Oberflächenbildern hervor. Der Verlauf des Grübchen- und Reibverschleißes wurde quantitativ bestimmt und über der Laufzeit aufgetragen. Die Kurven zeigen im allgemeinen den für derartige Verschleißvorgänge charakteristischen degressiven Verlauf. Dabei ist die Tendenz für beide Verschleißarten gleich.

Bezüglich der Lastabhängigkeit läßt sich eine eindeutige Reihenfolge nach der Größe der Wälzpressung für alle untersuchten Räder aufstellen. Für die Werkstoffe Ck 45 und Ck 60 kann die Zahnwälzfestigkeit in Form von Wöhlerkurven angegeben werden. Infolge von unterschiedlichen Härtewerten und Verzahnungsfehlern ergibt sich ein großer Streubereich.

Ein Vergleich von eigelaufenen und geläppten Rädern brachte klare Vorteile für die geläppten Flanken. Die statische Dauerwälzfestigkeit der geläppten Räder Ck 45 liegt um 50% höher als die der eingelaufenen. Alle Verzahnungsfehler üben einen starken Einfluß auf das Verschleißverhalten aus. Die Verzahnungsqualität wird damit zu einem wesentlichen Faktor bei der Beurteilung der Tragfähigkeit und Lebensdauer der Räder.

Prof.Dr.-Ing.Herwart OPITZ
Dr.-Ing.Johannes BIELEFELD
Dipl.-Ing.Werner KALKERT

Literaturverzeichnis

[1]	DUBBEL	Taschenbuch für den Maschinenbau 11. Aufl. Springer Berlin/Göttingen/ Heidelberg 1953
[2]	KLINGENBERG	Technisches Hilfsbuch 14. Aufl. Springer Berlin/Göttingen/ Heidelberg 1960
[3]	HÜTTE	Des Ingenieurs Taschenbuch Maschinenbau, Teil A 28. Aufl. Verlag von Wilhelm Ernst & Sohn, Berlin
[4]	KRUMME	Praktische Verzahnungstechnik Hanser-Verlag, München 1952
[5]	KECK, K.F.	Die Zahnradpraxis Teil I und Teil II, R. Oldenbourg, München 1958
[6]	TRIER, H.	Die Kraftübertragung durch Zahnräder W.B. 87, 3. Aufl. Springer Berlin/ Göttingen/Heidelberg 1954
[7]	TRIER, H.	Die Zahnformen der Zahnräder W.B. 47, 4. Aufl. Springer Berlin/ Göttingen/Heidelberg
[8]	THOMAS, A.K.	Die Tragfähigkeit der Zahnräder Hanser-Verlag, München
[9]	HERTZ, H.	Über die Berührung fester elastischer Körper, Jahrbuch für die reine ange- wandte Mathematik 92 (1882), S. 156
[10]	NIEMANN, G.	Walzenfestigkeit und Grübchenbildung von Zahnrad- und Wälzlagerstoffen Z-VDI 87 (1943) S. 521/523
[11]	HELBIG, F.	Die Grübchenbildung an Walzflächen Werkstattstechnik und Maschinenbau 39 (1949) S. 111/115
[12]	KARAS, F.	Dauerfestigkeit von Laufflächen gegen- über Grübchenbildung Z-VDI 85 (1941) S. 341/344
[13]	ERDMANN-JESNITZER und K. WEIGEL	Untersuchungen zur Pittingbildung Werkstatt und Betrieb, 91 Jahrgang, Heft 8, S. 461
[14]	GLAUBITZ, H.	Walzenpressungsformeln für normale Gradzahnstirnräder Autom.Techn. Z.45 (1942) S. 515/523
[15]	NIEMANN, G. und H. GLAUBITZ	Zahnflankenfestigkeit geradverzahnter Stirnräder aus Stahl Z-VDI 93 (1951) S. 121/126
[16]	BERTEL, A. und F. HANISCH	Die Dokumentation von Verschleiß- und Bruchschäden durch originalgetreue Abdrücke Schmiertechnik 6 (1959) Heft 1

[17]   Bestimmung von Oberflächenbeschaffenheit und Verschleiß an Zahnflanken. Maschinery, New York, 56 (1950), Nr.12, 135/142

[18] RETTIG, H.   Forschungsstelle für Zahnräder und Getriebebau: Tragfähigkeitserhöhung von Zahnrädern durch Härtung Industrieblatt (1958), Nr. 10, S. 435

[19] NIEMANN, G. und H. RETTIG   Gehärtete Zahnräder, ein Beitrag zur Frage der Tragfähigkeit und ihrer Erhöhung Konstr. (1958), Heft 6, S. 213/223

[20] NIEMANN, G. und H. RETTIG   Weichnitrierte Zahnräder VDI. 102, Nr. 6 S. 193/202

FORSCHUNGSBERICHTE DES LANDES NORDRHEIN-WESTFALEN

Herausgegeben durch das Kultusministerium

MASCHINENBAU

HEFT 45
Losenhausenwerk Düsseldorfer Maschinenbau AG., Düsseldorf
Untersuchungen von störenden Einflüssen auf die Lastgrenzenanzeige von Dauerschwingprüfmaschinen
1953, 36 Seiten, 11 Abb., 3 Tabellen, DM 7,25

HEFT 77
Meteor Apparatebau Paul Schmeck GmbH., Siegen
Entwicklung von Leuchtstoffröhren hoher Leistung
1954, 46 Seiten, 12 Abb., 2 Tabellen, DM 9,15

HEFT 100
Prof. Dr.-Ing. H. Opitz, Aachen
Untersuchungen von elektrischen Antrieben, Steuerungen und Regelungen an Werkzeugmaschinen
1955, 166 Seiten, 71 Abb., 3 Tabellen, DM 31,30

HEFT 136
Dipl.-Phys. P. Pilz, Remscheid
Über spezielle Probleme der Zerkleinerungstechnik von Weichstoffen
1955, 58 Seiten, 19 Abb., 2 Tabellen, DM 11,50

HEFT 147
Dr.-Ing. W. Rudisch, Unna
Untersuchung einer drehelastischen Elektromagnet-Synchronkupplung
1955, 82 Seiten, 65 Abb., DM 17,70

HEFT 183
Dr. W. Bornheim, Köln
Entwicklungsarbeiten an Flaschen- und Ampullen-Behandlungsmaschinen für die pharmazeutische Industrie
1956, 48 Seiten, 24 Abb., DM 11,70

HEFT 212
Dipl.-Ing. H. Spodig, Selm
Untersuchung zur Anwendung der Dauermagnete in der Technik   *1955, 44 Seiten, 25 Abb., DM 9.80*

HEFT 295
Prof. Dr.-Ing. H. Opitz und Dipl.-Ing. H. Axer, Aachen
Untersuchung und Weiterentwicklung neuartiger elektrischer Bearbeitungsverfahren
1956, 42 Seiten, 27 Abb., DM 10,30

HEFT 298
Prof. Dr.-Ing. E. Oehler, Aachen
Untersuchung von kritischen Drehzahlen, die durch Kreiselmomente verursacht werden
1956, 50 Seiten, 35 Abb., DM 13,15

HEFT 384
Prof. Dr.-Ing. H. Opitz, Aachen
Schwingungsuntersuchungen an Werkzeugmaschinen
1958, 66 Seiten, 73 Abb., DM 20,40

HEFT 412
Prof. Dr.-Ing. H. Opitz, Aachen
Kennwerte und Leistungsbedarf für Werkzeugmaschinengetriebe
1958, 72 Seiten, 35 Abb., DM 17,20

HEFT 506
Prof. Dr.-Ing. W. Meyer zur Capellen, Aachen
Der Flächeninhalt von Koppelkurven. Ein Beitrag zu ihrem Formenwandel
1958, 74 Seiten, 26 Abb., DM 21,50

HEFT 533
Prof. Dr.-Ing. H. Opitz und Dipl.-Ing. W. Hölken, Aachen
Untersuchung von Ratterschwingungen an Drehbänken
1958, 70 Seiten, 44 Abb., 2 Tabellen, DM 19,70

HEFT 606
Oberbaurat *Prof. Dr.-Ing. W. Meyer zur Capellen, Aachen*
Eine Getriebegruppe mit stationärem Geschwindigkeitsverlauf
1958, 34 Seiten, 21 Abb., DM 10,50

HEFT 631
Dr. E. Wedekind, Krefeld
Der Einfluß der Automatisierung auf die Struktur der Maschinen- und Arbeitszeiten am mehrstelligen Arbeitsplatz in der Textilindustrie
1958, 72 Seiten, 32 Abb., 8 Tabellen, DM 21,10

HEFT 667
Prof. Dr.-Ing. H. Opitz und Dipl.-Ing. H. de Jong, Aachen
Schwingungs- und Geräuschuntersuchung an ortsfesten Getrieben
1959, 32 Seiten, 28 Abb., 2 Tabellen, DM 10,30

HEFT 668
Prof. Dr.-Ing. H. Opitz, Dipl.-Ing. G. Ostermann und Dipl.-Ing. M. Gappisch, Aachen
Beobachtungen über den Verschleiß an Hartmetallwerkzeugen
1958, 38 Seiten, 26 Abb., DM 12,—

HEFT 669
Prof. Dr.-Ing. H. Opitz, Dipl.-Ing. H. Uhrmeister und Dipl.-Ing. K. Jüstel, Aachen
Aufbau und Wirkungsweise einer Magnetbandsteuerung
1958, 50 Seiten, 39 Abb., DM 15,—

HEFT 670
Prof. Dr.-Ing. H. Opitz und Dipl.-Ing. W. Backé, Aachen
Untersuchung von Kopiersteuerungen
1959, 70 Seiten, 54 Abb., DM 18,80

HEFT 671
Prof. Dr.-Ing. H. Opitz, Dr.-Ing. R. Piekenbrink und Dipl.-Ing. K. Honrath, Aachen
Untersuchungen an Werkzeugmaschinenelementen
1959, 70 Seiten, 71 Abb., DM 20,—

HEFT 672
Prof. Dr.-Ing. H. Opitz, Dipl.-Ing. H. Heiermann und Dipl.-Ing. B. Rupprecht, Aachen
Untersuchungen beim Innenrundschleifen
1959, 34 Seiten, 50 Abb., DM 11,50

HEFT 673
Prof. Dr.-Ing. H. Opitz, Dipl.-Ing. H. Obrig und Dipl.-Ing. K. Ganser, Aachen
Die Bearbeitung von Werkzeugstoffen durch funkenerosives Senken
1959, 60 Seiten, 41 Abb., 1 Tabelle, DM 18,—

HEFT 676
Prof. Dr.-Ing. W. Meyer zur Capellen, Aachen
Harmonische Analyse bei Kurbeltrieben.
I. Allgemeine Zusammenhänge
1959, 38 Seiten, 10 Abb., DM 11,50

HEFT 695
Dr.-Ing. W. Herding, München
Die Fahrdynamik und das Arbeitsspiel gleisloser Erdbaugeräte als Kalkulationsgrundlage für die Bodenförderung und ihre Kosten
in Vorbereitung

HEFT 718
Prof. Dr.-Ing. W. Meyer zur Capellen, Aachen
Die geschränkte Kurbelschleife
I. Die Bewegungsverhältnisse
1959, 110 Seiten, 54 Abb., DM 29,20

HEFT 764
Prof. Dr.-Ing. H. Opitz, Dr.-Ing. H. Siebel und Dipl.-Ing. R. Fleck, Aachen
Keramische Schneidstoffe
1959, 30 Seiten, 18 Abb., DM 9,80

HEFT 772
Prof. Dr.-Ing. W. Meyer zur Capellen
Nomogramme zur geneigten Sinuslinie
1959, 28 Seiten, 11 Abb., DM 8,50

HEFT 775
Prof. Dr.-Ing. H. Opitz
Automatische Erfassung der Maßabweichung der Werkstücke zum Zweck der selbständigen Korrektur der Maschine
1959, 38 Seiten, 27 Abb., DM 11,40

HEFT 777
Prof. Dr.-Ing. H. Opitz und Dipl.-Ing. P.-H. Brammertz, Aachen
Werkstückgüte und Fertigkeitskosten beim Innen-Feindrehen und Außenrund-Einsteckschleifen
1959, 92 Seiten, 68 Abb., DM 25,30 —

HEFT 788
Prof. Dr.-Ing. Herwart Opitz, Aachen
Der Einsatz radioaktiver Isotope bei Zerspannungsuntersuchungen

HEFT 794
Dipl.-Ing. Reinhard Wilken, Düsseldorf
Das Biegen von Innenborden mit Stempeln
1959, 82 Seiten, DM 22,40

HEFT 801
Baurat *Dipl.-Ing. Gesell, Duisburg*
Ersatz von Quarzsand als Strahlmittel

HEFT 806
Prof. Dr.-Ing. H. Opitz u. a., Aachen
Untersuchungen von Zahnradgetrieben und Zahnradbearbeitungsmaschinen

HEFT 809
Prof. Dr.-Ing. H. Opitz und Dipl.-Ing. H. H. Herold, Aachen
Untersuchung von elektro-mechanischen Schaltelementen

HEFT 810
Prof. Dr.-Ing. H. Opitz und Dipl.-Ing. N. Maas, Aachen
Das dynamische Verhalten von Lastschaltgetrieben

HEFT 811
Prof. Dr.-Ing. H. Opitz, Dipl.-Ing. H. Uhrmeister, Aachen und Dipl.-Ing. H. Bürklin, Fa. Schoppe & Faeser, Minden,
bearbeitet im Auftrage des Forschungsinstituts für Rationalisierung in Aachen
Über Weggeber für automatisch gesteuerte Arbeitsmaschinen
1959, 94 Seiten, 78 Abb.

HEFT 820
Prof. Dr.-Ing. H. Opitz, Dipl.-Ing. H. Rohde und Dipl.-Ing. W. König, Aachen
Untersuchungen der Spanformung durch Spanbrecher beim Drehen mit Hartmetallwerkzeugen

HEFT 830
Prof. Dr.-Ing. H. Opitz und Dipl.-Ing. W. Backé, Aachen
Automatisierung des Arbeitsablaufes in der spanabhebenden Fertigung. Untersuchung eines unstetigen Nachformsystems mit einem elektrohydraulischen Stellglied.
1959, 44 Seiten

HEFT 831
Prof. Dr.-Ing. H. Opitz, Dr.-Ing. H.-G. Rohs und Dr.-Ing. G. Stute, Aachen
Statistische Untersuchungen über die Ausnutzung von Werkzeugmaschinen in der Einzel- und Massenfertigung

---

Ein Gesamtverzeichnis der Forschungsberichte, die folgende Gebiete umfassen, kann bei Bedarf vom Verlag angefordert werden:
Acetylen / Schweißtechnik – Arbeitspsychologie und -wissenschaft – Bau / Steine / Erden – Bergbau – Biologie – Chemie – Eisenverarbeitende Industrie – Elektrotechnik / Optik – Fahrzeugbau – Gasmotoren – Farbe / Papier / Photographie – Fertigung – Gaswirtschaft – Hüttenwesen / Werkstoffkunde – Luftfahrt / Flugwissenschaften – Maschinenbau – Medizin / Pharmakologie / Physiologie – NE-Metalle – Physik – Schall / Ultraschall – Schiffahrt – Textiltechnik / Faserforschung / Wäschereiforschung – Turbinen – Verkehr – Wirtschaftswissenschaften.

MIX
Papier aus verantwortungsvollen Quellen
Paper from responsible sources
FSC® C105338

If you have any concerns about our products,
you can contact us on
ProductSafety@springernature.com

In case Publisher is established outside the EU,
the EU authorized representative is:
**Springer Nature Customer Service Center GmbH
Europaplatz 3, 69115 Heidelberg, Germany**

Printed by Libri Plureos GmbH
in Hamburg, Germany